적중 TOP

초경량 비행장치 무인멀티콥터(드론) 조종 자격

이 한권으로 끝낸다.

무인멀티콥터
DRONE
필기 80테마 개출 348제

KB074504

특징

> 신경향 기출복원 문제 100선
> 무인멀티콥터(드론) 구술 평가 문제 / 구술시험 표준 답안
> 실기시험 조작 및 구호

● 완벽한 기출 유형 분석 - 80개 테마별로 재구성
● 각 과목별 / 테마별 핵심 내용 정리로 단권화

* 정부정책에 따라 공휴일 등이 발생하는 경우 시험일정이 변경될 수 있음
* 시험일정이 추가되는 경우 홈페이지 공지사항(시험정보)에서 확인 가능

▶ 경량항공기조종사와 초경량비행장치조종자의 종류

   ○ **경량항공기조종사** : 타면조종형비행기, 체중이동형비행기, 경량헬리콥터, 자이로플레인, 동력패러슈트

   ○ **초경량비행장치조종자** : 동력비행장치, 회전익비행장치, 유인자유기구, 동력패러글라이더, 무인비행기, 무인멀티콥터, 무인헬리콥터, 무인비행선, 인력활공기(패러글라이더, 행글라이더), 낙하산류

▶ 학과시험 일정 (시험일정은 제반환경에 따라 변경될 수 있음)

   ○ 시험 방식 : CBT(컴퓨터 기반 시험) 방식으로 객관식 4지 1답형(총 40문항)

   ○ 시험 시간 : 50분으로 합격 기준은 70점 이상

구분	시험일자(최초 접수시작일 : '24년 01월 04일 20:00 ~) * 지방 화물시험장은 내부사정에 따라 접수 시작을 별도 안내 예정 (한국교통안전공단 홈페이지 시험정보 확인 필요)			
	항공 전용 학과시험장 (서울, 부산, 광주, 대전)	지방 화물시험장		
		화성	부산, 광주, 대전, 춘천, 대구, 전주	제주
1월	9,16,23,27(토),30	8,10,15,17,22,24,29,31	10,24	10
2월	6,13,20,24(토),27	5,7,14,19,21,26,28	1,14	1
3월	5,12,19,23(토),26	4,6,11,13,18,20,25,27	6,20	6
4월	2,16,23,27(토)	1,3,8,15,17,22,24	3,17	3
5월	7,14,21,25(토),28	8,13,20,22,27,29	8,29	8
6월	4,11,18,22(토),25	3,5,10,12,17,19,24,26	5,19	5
7월	2,9,16,23,27(토)	3,8,10,15,17,22,24	3,17	3
8월	6,13,20,24(토),27	5,7,12,14,19,21,26,28	7,21	7
9월	3,10,21(토),24	2,4,9,11,23,25	4,25	4
10월	8,15,22,26(토),29	2,7,14,16,21,23,28,30	2,30	2
11월	5,12,19,23(토),26	4,6,11,13,18,20,25,27	6,20	6
12월	3,10,17,21(토)	2,4,9,11,16,18	4,18	4

* 공휴일 다음날에 학과시험을 시행할 경우 시스템 점검을 위해 오전시험 시행불가

▶ **실기시험 일정**(시험일정은 제반환경에 따라 변경될 수 있음)

○ 초경량비행장치 실기시험장 시험일정(실비행형 - 실비행 + 구술면접형)

시험일자(최초 접수시작일 : '24년 01월 04일 20:00 ~시험전주 월요일 23:59)			
상설실기시험장 (화성, 영월, 춘천, 보은, 청양, 부여, 영천, 문경, 울진, 진주, 김해, 사천, 전주, 광주, 진안, 고양)			
* 진안, 부여, 진주, 울진의 경우 응시수요가 적어 주 1회만 실시, * 춘천 실기시험장의 경우 동절기(1~2월) 동안 사용 불가			
* 무인멀티콥터 자격시험만 실시 가능, 제반환경에 따라 일정 및 장소는 추후 변경될 수 있음			
1월	23, 24, 30, 31	7월	16, 17, 23, 24
2월	6, 7, 20, 21, 27, 28	8월	13, 14, 20, 21, 27, 28
3월	5, 6, 12, 13, 19, 20, 26, 27	9월	3, 4, 10, 11
4월	2, 3, 16, 17, 23, 24	10월	1, 2, 15, 16, 22, 23, 29, 30
5월	7, 8, 21, 22, 28, 29	11월	5, 6, 12, 13, 19, 20
6월	11, 12, 18, 19, 25, 26	12월	3, 4, 10, 11

* 드론자격시험센터(화성)는 상설실기시험장 및 전문교육기관의 모든 시험일자 시행
* 시험장소/일자별로 응시가능인원에 따라 응시인원 제한
* 접수 인원이 5명 미만인 경우 마감일 이후, 시험장소 및 일정 변경

○ 초경량비행장치 전문교육기관 시험일정

→ 전문교육기관의 응시인원 접수실적에 따라 시험일정이 단축될 수 있음

구분	**시험일자** (시험접수 : '24년 01월 04일 20:00 ~ 시험전주 월요일 23:59)			
	응시자가 교육받은 전문교육기관 교육장에서 시험 시행			
경기/충북 인천 (1구역)	1월	18(목), 19(금)	7월	25(목), 26(금)
	2월	22(목), 23(금)	8월	-
	3월	28(목), 29(금)	9월	5(목), 6(금)
	4월	25(목), 26(금)	10월	24(목), 25(금)
	5월	-	11월	21(목), 22(금)
	6월	13(목), 14(금)	12월	
전남/광주 강원 (2구역)	1월	25(목), 26(금)	7월	-
	2월		8월	8(목), 9(금)
	3월	7(목), 8(금)	9월	12(목), 13(금)
	4월	4(목), 5(금)	10월	31(목)
	5월	9(목), 10(금)	11월	1(목), 28(금), 29(목)
	6월	20(목), 21(금)	12월	-
충남/대전 세종/경남 울산/부산 (3구역)	1월	-	7월	-
	2월	1(목), 2(금)	8월	22(목), 23(금)
	3월	14(목), 15(금)	9월	-
	4월	11(목), 12(금)	10월	10(목), 11(금)
	5월	23(목), 24(금)	11월	7(목), 8(금)
	6월	27(목), 28(금)	12월	5(목), 6(금)
전북/경북 대구/제주 (4구역)	1월	-	7월	18(목), 19(금)
	2월	15(목), 16(금)	8월	29(목), 30(금)
	3월	21(목), 22(금)	9월	-
	4월	18(목), 19(금)	10월	17(목), 18(금)
	5월	30(목), 31(금)	11월	14(목), 15(금)
	6월	-	12월	12(목), 13(금)

* 구역지정은 공단에 신청한 제1교육장의 주소 기준

CONTENTS

CHAPTER 05 **항공 기상**

CHAPTER 06 **항공 법규**

무인멀티콥터(드론) 필기 80테마 기출 348제

CHAPTER 1

무인항공기(드론)의 이해

CHAPTER
01

무인항공기(드론)의 이해

THEMA
01 **무인 항공기(드론)의 용어상 정의**

(1) 무인 항공기(UAV)

조종사가 항공기에 직접 탑승하지 않고 지상에서 자동 또는 원격으로 사전 프로그램 된 경로에 따라 자동 또는 반자동 형식으로 자율비행하거나 임무를 수행하는 비행체와 지상통제장비 및 통신장비, 지원장비 등의 전체 시스템

(2) 드론(drone)

'벌이 윙윙거린다'는 수벌에서 유래한 용어로 사전 입력된 프로그램에 따라 비행하는 무인비행을 뜻함

(3) RPV(Remote Piloted vehicle)

지상에서 무선통신으로 원격조종 비행하는 무인 비행체

(4) UAV(Uninhabited aerial vehicle)

자동화의 진행에 따라 조종한다는 의미가 퇴색되어 지상에서 원격 조종한다는 점을 강조한 용어

(5) UAS(Unmanned Aircraft Systems)

무인항공기가 일정하게 한정된 공역에서의 비행뿐만 아니라 민간 공역에 진입하게 됨에 따라, 안정성과 신뢰성을 확보해야 하는 항공기임을 강조하는 용어

(6) RPAS(Remotely Piloted Aviation System)

2011년 이후 유럽을 중심으로 새로 쓰이기 시작한 용어로 국제민간항공기구(ICAO)에서는 RPAS(Remotely Piloted Aviation System)를 공식 용어로 채택하여 사용

(7) 초소형비행장치

우리나라에서 법률상 부르는 용어로 날개 형태의 고정익과 모터에 의해 비행하는 멀티콥터가 있음

(8) 무인기

일회성 용도로 사용되는 비행체를 뜻하는 드론은 학문적 용어가 아니므로 우리나라 국립국어원에서는 "드론"(drone)이란 영어 표현을 우리말 순화어로 "무인기"라 부르기를 권하고 있음

---

001 다음 중 국제민간항공기구(ICAO)에서 공식 용어로 선정한 무인항공기의 명칭은?

① UAV(Uninhabited aerial vehicle) `기출빈도 ★★★★★`

② RC(Remote Control)

③ RPAS(Remotely Piloted Aviation System)

④ UAS(Unmanned Aircraft System)

해설 변경신고는 사유발생일로부터 30일 이내 실시해야한다. 2013년 이후 국제민간항공기구(ICAO)에서는 RPAS(Remote Piloted Aircraft System)를 공식 용어로 채택하여 사용하고 있다. 비행체만을 칭힐 때는 RPA(Remote Piloted Aircraft/Aerial vehicle)라고 하고, 통제시스템을 지칭할 때는 RPS(Remote Piloting Station)라고 한다.

THEMA 02 항공기의 정의와 초경량 비행장치

(1) 항공기와 초경량비행장치의 개념(「항공안전법」 제2조)

① 항공기의 정의 : 공기의 반작용(지표면 또는 수면에 대한 공기의 반작용은 제외)으로 뜰 수 있는 기기로 비행기, 헬리콥터, 비행선, 활공기(활공기)

answer 001 ③

② 경량항공기 : 항공기 외에 공기의 반작용으로 뜰 수 있는 기기로 헬리콥터, 자이로플레인(gyroplane) 및 동력패러슈트(powered parachute) 등

③ 초경량비행장치 : 항공기와 경량항공기 외에 공기의 반작용으로 뜰 수 있는 장치로서 동력비행장치, 행글라이더, 패러글라이더, 기구류 및 무인비행장치 등

(2) 항공기의 항공역학적 분류

구분	동력에 의한 분류	기준에 의한 분류
공기보다 가벼운 항공기 (부력에 의한 비행)	비동력식(non-power-driven)	자유 기구(free balloon)
		계류 기구(captive balloon)
	동력식(power-driven)	비행선(airship)
공기보다 무거운 항공기 (양력에 의한 비행)	비동력식(non-power-driven)	연(kite)
		활공기(glider)
	동력식(power-driven)	고정익 항공기(airplane)
		회전익 항공기(rotorcraft)
		날개치기 항공기(ornithopter)

(3) 국내 항공법(「항공안전법」 시행규칙 제2조)에 따른 분류(★)

구분	600kg 이상	600kg	180kg	150kg	115kg
유인항공기	항공기 • 비행기 • 회전익항공기	경량항공기 • 경량헬리콥터 • 동력패러슈트 • 체중이동형비행기 • 타면조종형비행기			초경량비행장치 • 동력비행장치 • 동력패러글라이더 • 행글라이더 • 패러글라이더 • 기구류 • 낙하산류
무인항공기	무인항공기 • 비행기　　• 회전익항공기		초경량비행장치(무인비행장치)		
	무인항공기(비행선)		초경량비행장치(무인비행선)		

002 다음 중 항공안전법상 항공기로 볼 수 없는 것을 고르면?　　　기출빈도 ★★★☆

① 발동기가 1개 이상이며 조종사 좌석을 포함한 탑승좌석 수가 1개 이상인 유인비행선

② 연료의 중량을 제외한 자체중량이 180kg을 초과하고 발동기가 1개 이상인 무인조종비행기

③ 자체중량이 50kg을 초과하는 활공기

④ 발동기가 1개 이상이고 조종사 좌석을 포함한 탑승좌석 수가 1개 이상인 비행선

해설 활공기 : 자체중량이 70kg을 초과할 것(「항공안전법」 시행규칙 제2조)

003 다음 중 항공기로 볼 수 없는 것을 고르면?　　　기출빈도 ★★★☆

① 우주선　　　　　　　② 속도를 개조한 비행기

③ 중량이 초과하는 비행기　　④ 계류식 무인비행 장치

해설 우주선은 공기력에 의존하지 않고 대기권이나 대기권 밖을 나는 비행체이다.

004 다음 중 동력비행장치의 자체 중량(연료제외) 무게를 고르면?　　　기출빈도 ★★★★

① 70kg 이하　　　　　② 115kg 이하

③ 150kg 이하　　　　④ 250kg 이하

해설 「항공안전법」 시행규칙 제5조(초경량비행장치의 기준) : 동력비행장치
- 탑승자, 연료 및 비상용 장비의 중량을 제외한 자체중량이 115kg 이하일 것
- 좌석이 1개일 것

005 착륙장치가 달린 동력패러글라이더가 초경량비행장치가 되기 위해서는 몇 kg이 되어야 하는지 고르면?　　　기출빈도 ★★★★

① 70kg　　　　　　② 120kg

③ 150kg　　　　　④ 180kg

해설 「항공안전법」 시행규칙 제5조(초경량비행장치의 기준) : 패러글라이더
- **패러글라이더** : 탑승자 및 비상용 장비의 중량을 제외한 자체중량이 70kg 이하로서 날개에 부착된 줄을 이용하여 조종하는 비행장치
- **동력패러글라이더** : 패러글라이더에 추진력을 얻는 장치를 부착한 비행장치

answer 002 ③　003 ①　004 ②　005 ①

항공기	비행기		엔진에 의해 추진력이 발생되며 날개에 대한 공기의 반작용으로 양력을 얻는 고정익 항공기
	비행선		엔진에 의해 추진력이 발생되며 주로 헬륨가스 등에 의해 공중부양하는 항공기
	활공기		엔진 없이 항공기 또는 자동차로 견인하여 공중부양, 기류를 이용하는 고정익 항공기
	회전익 항공기		로터블레이드(회전날개)에 의한 공기의 반작용에 의해 부양되는 항공기
	항공우주선		지구대기권 내외를 비행할 수 있는 비행체
경량 항공기	타면조종형 비행기		엔진에 의해 추진력이 발생되며 날개에 대한 공기의 반작용으로 양력을 얻는 고정익 경량항공기
	체중이동형 비행기		프로펠러 엔진에서 추진력을 얻고 고정날개의 공기반작용에 의해 양력을 얻는 경량항공기
	경량헬리콥터		로터블레이드(회전날개)에 의한 공기의 반작용에 의해 부양되는 경량항공기
	자이로플레인		기체의 주행시 공기력 작용에 의하여 회전하는 회전익에서 부양되는 경량항공기
	동력패러슈트		낙하산류에 추진력을 얻는 장치 및 고정식 착륙장치를 부착한 경량항공기

초경량 비행장치	**동력비행장치**	행글라이더에 엔진을 부착하고 체중을 이동하여 방향을 조종하는 비행장치
	회전익 비행장치	로터블레이드(회전날개)에 의한 공기의 반작용에 의해 부양되는 비행장치
	동력패러 글라이더	낙하산류에 추진력을 얻는 장치를 부착한 비행장치
	기 구 류	기체의 성질이나 온도차 등으로 발생하는 부력을 이용하여 하늘로 오르는 비행장치
	무인비행장치	사람이 타지 않고, 원격 조종 또는 스스로 조종되는 비행장치
	인력활공기	낙하산류 또는 합금소재 뼈대에 천을 입혀서 만든 사람이 아래 매달려 활공할 수 있는 비행장치

006 초경량비행장치의 범위에 포함되지 않는 것을 고르면? 기출빈도 ★★★★

① 동력패러글라이더　　　　② 낙하산
③ 자이로플레인(gyroplane)　　④ 행글라이더

> **해설** 「항공안전법」 시행규칙 제5조(초경량비행장치의 기준) 참조
> • **종류** : 헬리콥터, 자이로플레인(gyroplane) 및 동력패러슈트(powered parachute) 등

007 항공안전법상 초경량비행장치의 종류로 틀린 것을 고르면? 기출빈도 ★★★★

① 회전익비행장치　　　　　② 행글라이더
③ 동력패러슈트　　　　　　④ 패러글라이더

> **해설** 「항공안전법」 시행규칙 제5조(초경량비행장치의 기준) 참조

answer　006 ③　007 ③

008 | 다음 중 초경량비행장치의 기준에 속하지 않는 사례를 고르면?　기출빈도 ★★★★

① 탑승자, 연료 및 비상용 장비의 중량을 제외한 자체 중량이 130kg 인 고정익 비행장치

② 유인자유기구 또는 무인자유기구

③ 자체중량이 150kg 이하인 무인비행기, 무인헬리콥터 또는 무인멀티콥터

④ 자체중량이 70kg 이하인 행글라이더

해설 「항공안전법」 시행규칙 제5조(초경량비행장치의 기준) : 동력비행장치
탑승자, 연료 및 비상용 장비의 중량을 제외한 자체중량이 115kg 이하일 것

009 | 항공안전법상 초경량 비행장치라고 할 수 없는 것은?　기출빈도 ★★★★

① 기체의 성질과 온도차를 이용한 유인 또는 계류식 기구류

② 패러글라이더에 추진력을 얻는 장치를 부착한 동력 패러글라이더

③ 좌석이 2개인 비행장치로서 자체 중량이 115kg을 초과 하는 동력비행 장치

④ 하나 이상의 회전익에서 양력을 얻는 초경량자이로플랜

해설 「항공안전법」 시행규칙 제5조(초경량비행장치의 기준) : 동력비행장치
• 탑승자, 연료 및 비상용 장비의 중량을 제외한 자체중량이 115kg 이하일 것
• 좌석이 1개일 것

010 | 다음 중 초경량비행장치라고 할 수 없는 것은?　기출빈도 ★★★★

① 동력패러글라이더　　　② 초급활공기
③ 낙하산류　　　　　　　④ 동력비행장치

011 | 다음 중 낙하산류에 동력장치를 부착한 비행장치를 고르면?　기출빈도 ★★★★

① 패러플레인　　　　　② 자이로플레인
③ 행글라이더　　　　　④ 초경량헬리콥터

해설 패러플레인 : 낙하산에 추진력을 얻는 장치를 부착한 비행장치

012 초경량배행장치의 종류 중 자이로플레인이 속하는 유형을 고르면? `기출빈도 ★★★★`

① 기구류   ② 회전익비행장치

③ 무인비행장치   ④ 동력비행장치

013 초경량비행장치 기준 중 무인동력비행장치에 포함되지 않는 것을 고르면?

① 무인 비행기   ② 무인 멀티콥터   `기출빈도 ★★★★`

③ 무인 헬리콥터   ④ 무인 비행선

014 다음 중 항공안전법 상 초경량비행장치로 틀린 것을 고르면? `기출빈도 ★★★★`

① 동력패러글라이더   ② 초경량헬리콥터

③ 동력비행장치   ④ 초급활공기

015 다음 중 초경량비행장치의 용어에 설명으로 적절하지 않는 것은? `기출빈도 ★★★★`

① 회전익 비행장치에는 초경량 자이로플레인, 초경량 헬리콥터 등이 있다.

② 무인동력 비행장치는 연료의 중량을 제외한 자체 중량이 130kg 이하인 무인비행기 또는 무인회전익비행장치를 말한다.

③ 무인비행선은 연료의 중량을 제외한 자체중량이 180kg 이하이고 길이가 20m 이하인 무인비행선이다.

④ 초경량비행장치의 종류에는 동력비행장치, 인력활공기, 기구류 무인비행장치 등 있다.

해설 「항공안전법」 시행규칙 제5조(초경량비행상치의 기준) : 무인비행징치

무인동력비행장치 : 연료의 중량을 제외한 자체중량이 150kg 이하인 무인비행기, 무인헬리콥터 또는 무인멀티콥터

THEMA 04 **무인항공기(드론)의 날개 고정 유무에 따른 분류**

(1) 고정익

① 날개가 기체에 수평으로 붙어있는 형태(비행기 형태)

② **장점** : 모터 구동엔진보다 왕복엔진이나 분사추진엔진 등을 장착할 수 있어 비행속도

가 빠르며 날씨 변화에 영향을 적게 받고 적재화물 무게에 제한이 적음

③ 단점 : 이착륙을 위해 활주로가 필요하고 빠른 속도로 비행하기 때문에 정지 비행 기능
이나 저고도 좁은 공간에서의 임무 또는 느린 속도에서의 임무비행에 제한을 받음

(2) 회전익

① 회전축에 설치되어 그 축 주위에 회전운동을 하면서 양력을 발생시키는 형태(헬리콥터
형태)

② 모터와 회전날개가 수평으로 장착되어 있어 상하좌우 어느 방향으로도 비행할 수 있으
며 좁은 공간에서 정교한 비행이 가능

③ 활주로가 필요없으며 소형 물품 배달, 동영상 촬영 등 중저속으로 단거리 비행을 요하
는 분야에서 주로 이용

④ 축전기로 전원을 공급하기 때문에 항속시간이나 거리에 제한을 받음

⑤ 프로펠러(X로터, rotor)의 숫자에 따라 듀얼콥터(2개), 트리콥터(3개), 쿼드콥터(4개),
헥사콥터(6개), 옥토콥터(8개) 등으로 구분

(3) 혼합형

① 틸트로터로 불리며, 수직상태에서는 헬기처럼 수직이착륙을, 수평상태에서는 고정익
처럼 고속으로 비행

② 고정익 고속 순항 능력과 회전익 수직이착륙 능력을 모두 갖추어 비행능력이 뛰어나지
만 복잡한 구조로 인해 조종 및 운용이 다소 복잡하고 기체 제작비가 높음

---

016 | 초경량비행장치 중 프로펠러가 4개인 멀티콥터를 부르는 명칭은? `기출빈도 ★★☆☆☆`

① 헥사콥터 ② 옥토콥터
③ 쿼드콥터 ④ 트리콥터

---

017 | 멀티콥터의 로터가 6개인 멀티콥터를 부르는 명칭은? `기출빈도 ★★☆☆☆`

① 쿼드콥터(Quad copter) ② 트리콥터(Tri copter)
③ 헥사콥터(Hexa copter) ④ 옥토콥터(Octo copter)

`answer` 016 ③ 017 ③

CHAPTER 02

무인항공기(드론)의 구성

CHAPTER 02

무인항공기(드론)의 구성

멀티콥터(드론)의 구성과 구조 개요

(1) 드론시스템(운영체계)의 구성

① **비행체** : 기체(Airfame), 엔진(Engine), 항공전자(Avionics)

② **임무탑재장비**(Payload) : 드론 임무 수행에 필요한 장비

③ **지상통제 통제장비** : 항공관제소, 데이터 링크를 통한 비행체 임무 통제, 원격전송 등으로 구성

④ **지원체계** : 데이터 획득 분석 및 임무 지원 임무

(2) 드론시스템의 구조

① **통신부** : 드론이 지상의 원격조정자와 각종 데이터를 주고받는 역할

② **제어부** : 드론의 비행을 조종하는 역할을 하며 비행제어기, 센서융합기 및 각종 센서들로 구성

③ **구동부** : 드론을 날아가게 구동시키는 역할을 하며 모터, 프로펠러, 모터변속기, 리튬폴리머 배터리 등으로 구성

④ **페이로드** : 카메라 등 각종 탑재 장비들로 구성

(3) <u>드론의 구성 개요</u>(★)

① **프로펠러** : 회전으로 상승추력(양력) 발생, 기체를 띄우고 제어

② **모터**(로터) : 프로펠러와 결합해 회전하며 바람을 일으키는 장치로 변속기로부터 받은 신호를 동력으로 전환

③ **프레임** : 기체의 몸체로 프레임의 크기와 중량은 드론의 비행에 큰 영향을 미침

④ 전원부 : 전원분배장치, 배터리(전원 공급)

⑤ 비행 제어장치(FC, Flight Controller) : 드론의 움직임과 포지션 센서에서 감지된 정보, 그리고 무선 리모컨에서 생성된 정보를 제공받아 모터로 보내주는 중앙 허브

⑥ 전자 변속기(ESC) : 모터와 배터리를 연결하는 유선의 구성요소들로 동력이 모터의 회전을 바람직한 속도로 유지하도록 함

⑦ 송수신장치 : 드론의 방향과 고도 등 전체적 움직임을 제어하는 장치

⑧ 착륙장치(Skid/Landing Gear) : 드론이 넘어지지 않고 지면에 안정적으로 착지 할 수 있게 해주는 장치

018 │ 다음 중 멀티콥터의 구성요소로 볼 수 없는 것은? `기출빈도 ★★★★`

① FC
② ESC
③ Propeller
④ GPS

해설 GPS는 위성 항법 장치로 위성신호를 수신하여 좌표를 계산하는 역할을 한다.

019 │ 무인비행장치(멀티콥터)의 기본 구성 요소라 볼 수 없는 것은? `기출빈도 ★★★`

① 임무 탑재 카메라
② 조종자와 지원 인력
③ 관제소 교신용 무전기
④ 비행체와 조종기

020 │ 다음 중 무인 멀티콥터가 이륙할 때 필요 없는 장치를 고르면? `기출빈도 ★★★`

① 배터리
② 모터
③ 변속기
④ GPS

해설 GPS는 위성 항법 장치로 위성신호를 수신하여 좌표를 알려준다.

021 │ 다음 중 드론의 구조 각 부분에 대한 연결로 틀린 것을 고르면? `기출빈도 ★★`

① 조종 계통 : 서보, 변속기
② 동력전달 계통(구동 계통) : 모터, 변속기
③ 전기 계통 : 배터리, 발전기
④ 연료 계통 : 카브레터, 라디에이터

022 | 드론에서 스키드(skid)에 관한 설명으로 옳은 것을 고르면? 기출빈도 ★☆☆☆☆

① 발전장치   ② 착륙장치

③ 유압장치   ④ 발열장치

THEMA 06 멀티콥터의 구성(모터)

(1) 기능

① 멀티콥터(Multi-copter) 비행의 성능을 좌우하는 가장 중요한 부품으로 계속 회전하여 <u>드론을 공중에 머무르게 하는 기능</u>을 가짐

② 영구자석과 전기가 구리선을 통과할 때 발생하는 전자력의 미는 힘과 당기는 힘을 이용해 회전하는 장치

③ KV : 모터 회전수로 KV 수치가 낮을수록 더 큰 프로펠러를 돌릴 수 있으며, 프로펠러가 클수록 추진력은 커짐

④ 소비 전력 : 전력(W) = 전압(V) × 전류(A)

(2) 종류

① <u>브러시(BDC) 모터</u>

    ㉠ 직류 전기가 흐르면 회전하는 일반적인 모터로 자석이 고정되어 있는 상태에서 전기가 흐르는 코일이 회전하도록 설계

    ㉡ 모터의 회전에 마찰면이 있어 열이 발생하는 뜨거워지는 문제가 발생

    ㉢ <u>수명이 짧으며, 주로 완구용에 사용</u>

② 브러시리스(BLDC) 모터

    ㉠ 전기가 흐르는 코일이 고정되어 있고 자석이 붙은 회전자가 회전하는 모터로 주로 대형인 산업용 드론에 사용

    ㉡ <u>모터 회전에 마찰면이 없어 고속회전이 가능하며, 반영구적임</u>

    ㉢ 모터 제어를 위해 복잡한 회로가 필요하며, 전력소비가 작음

    ㉣ 정해진 온도 한도 내에서 작동하므로 한도를 넘어가면 효율성이 극도로 저하됨

ⓜ 3상전류를 사용하기 때문에 브러시리스용 변속기(ESC; Electronic Speed Control)가 필요

(3) 점검

① 이물질 여부와 모터 회전 방향 및 프로펠러와 모터 회전 방향의 일치 확인
② 모터 걸림 및 유격 상태 확인

23 다음 중 멀티콥터에 사용되는 브러시리스 모터의 설명으로 옳지 않은 것은?

〔기출빈도 ★★★★〕

① 모터의 수명에 영향을 미치는 브러시를 없애므로 수명을 반영구적으로 만든 모터이다.
② 전류를 제어해줄 전자 변속기(ESC)가 불필요하다.
③ 수명이 반영구적이다.
④ 모터 회전에 마찰면이 없어 고속회전이 가능하다.

〔해설〕 브러시리스 모터는 모터 안에 브러시가 없어서 모터의 수명이 길고, 3상전류를 사용하기 때문에 브러시리스용 변속기(ESC; Electronic Speed Control)가 필요하다.

24 브러시 모터와 브러시리스 모터에 대한 설명으로 옳지 않는 것은? 〔기출빈도 ★★★★〕

① 브러시 모터는 모터의 회전에 마찰면이 있어 열이 발생하는 뜨거워지는 문제가 발생한다.
② 브러시리스 모터는 안전이 중요한 만큼 대형 멀티콥터에 적합하다.
③ 브러시 모터는 브러시가 있기 때문에 영구적으로 사용 가능하다.
④ 브러시리스 모터는 전자변속기(ESC)가 필수적이다.

〔해설〕 브러시(BDC) 모터는 수명이 짧다.

25 엔진이 장착된 무인헬리콥터의 동력계통 주요 구성요소로 틀린 것은? 〔기출빈도 ★☆☆☆〕

① 메인로터 및 허브　　　　② 드라이브 샤프트와 클러치
③ 마스터축 및 트랜스미션　④ 모터와 변속기

026 | 브러시 직류 모터와 브러시리스 직류 모터에 대한 설명으로 옳은 것은?

① 브러시 직류 모터는 반영구적이다.

② 브러시 모터는 안전이 중요한 만큼 대형 멀티콥터에 적합하다.

③ 브러시리스 모터는 전자변속기(ESC)가 필요 없다.

④ 브러시리스 모터는 모터 회전에 마찰면이 없어 고속회전이 가능하다.

해설 브러시리스 모터는 모터 안에 브러시가 없어서 마찰면이 없고, 효율성이 높다.

027 | 다음 중 큰 규모의 무인멀티콥터 엔진으로 가장 적절한 것은?　기출빈도 ★☆☆☆☆

① 전기 모터(브러시리스 직류)　② 전기 모터(브러시 직류)

③ 로터리 엔진　④ 제트 엔진

028 | 다음 중 로터(Rotor) 또는 블레이드(Blade)의 가장 올바른 의미는?　기출빈도 ★☆☆☆☆

① 항공기나 드론에 중력(중량 무게)을 부여하는 장치

② 항공기나 드론에 양력(공중으로 부양시키는 힘)을 부여하는 장치

③ 항공기나 드론에 추력(추진력 전방으로 이동하는 힘)을 부여하는 장치

④ 항공기나 드론에 항력(공기 중에 저항받는 힘)을 부여하는 장치

THEMA 07　변속기(ESC, 전자식 속도 컨트롤러)

(1) 기능

① 비행 제어장치(FC)로부터 신호를 받아 배터리 전원(전류와 전압)을 사용하여 모터가 신호대비 적절하게 회전을 유지하도록 해주는 장치

② 모터 회전을 위해서 지속적으로 또 다른 고주파 신호를 만들어 모터에 인가하며, 배터리의 전원을 모터에 제공하는 역할을 수행

(2) 주의 사항

① 지속적으로 흐르는 전류량을 사용하는 모터 소스 전류 이상의 ESC를 선택해야 한다.

② 극성에 매우 민감하므로 반드시 배선 연결을 확인해야 한다.

029 | 멀티콥터의 구성요소 중 모터의 회전을 신호대비 적절한 회전으로 유지해주는 장치는?

① 프로펠러　　　　　　　　　② 변속기

③ 자이로스코프　　　　　　　④ 속도계

기출빈도 ★★☆☆☆

030 | 다음 장치 중 자세를 잡기 위해 모터의 속도를 조종하는 것을 고르면?

① ESC　　　　　　　　　　　② GPS

③ 가속도센서　　　　　　　　④ 자이로센서

기출빈도 ★★☆☆☆

해설 ESC는 로터의 속도를 조종하는 장치이다.

THEMA 08　프로펠러(propeller)

(1) 프로펠러의 원리

① 프로펠러는 드론의 날아가야 하는 방향을 결정하거나, 제자리에서 호버링 등 비행방향을 결정함(드론의 양력발생을 결정)

② 프로펠러의 회전에 의한 추력은 기체를 밀거나 당기는 추진력과 같은 것임

③ 프로펠러의 끝단은 비틀려 있어서 회전하면 바깥쪽이 중심축보다 더 빨리 돌아 바깥쪽의 실속을 방지하고 추력을 고르게 발생시킴

④ 프로펠러의 회전속도 증가에 따라 증가하는 공기저항인 항력 발생

(2) 프로펠러의 규격

① **피치(Pitch)** : 프로펠러가 1회전 하였을 때의 수직 이동 거리

② 프로펠러의 길이가 같은 경우 피치가 낮으면 피치가 높은 프로펠러보다 부양력을 높이기 위해 더 빨리 회전해야 하나 피치가 높아질수록 진동이 심해짐

---

answer　026 ④　027 ①　028 ②　029 ②　030 ①

(3) 프로펠러의 재질

카본 계열(탄소 섬유), 플라스틱 계열, 나무 계열, 유리 섬유 등

(4) 주의 사항

프로펠러의 길이는 프로펠러 틀(프레임)이 허용하는 최대치를 넘기지 않아야 하는데 사용
가능한 프로펠러의 최대 길이는 일반적으로 드론의 몸체에 표기되어 있음

031 다음 중 프로펠러의 밸런스가 맞지 않을 때 가장 먼저 일어나는 현상을 고르면?

① 기체가 전후좌우로 흔들린다. `기출빈도 ★★☆☆`
② 배터리의 소모가 빨라진다.
③ GPS모드의 수신상태가 불량해진다.
④ 프로펠러의 회전수가 상승한다.

032 다음 중 무인 멀티콥터의 프로펠러에 대한 내용으로 옳지 않은 것을 고르면?

① 프로펠러의 피치가 높아질수록 진동이 심해진다. `기출빈도 ★★★☆`
② 프로펠러는 멀티콥터의 날아가야 하는 방향을 결정한다.
③ 프로펠러들의 길이가 같을 경우 피치가 낮은 프로펠러는 피치가 높은 프로
펠러와 같은 부양력을 발생시키려면 더 빨리 회전해야 한다.
④ 프로펠러의 길이는 프로펠러 틀이 허용하는 최대치를 약간 넘겨 제작하는
것이 유리하다.

033 다음 중 멀티콥터에 사용하는 프로펠러 재질이 아닌 것을 고르면?

① 카본 계열 ② 나무 계열 `기출빈도 ★★☆☆`
③ 플라스틱 계열 ④ 금속 계열

해설 프로펠러는 다양한 재질로 제작되나 가벼워야 한다.

034 다음 중 프로펠러의 역할로 볼 수 없는 것을 고르면?

① 양력발생 ② 항력발생 `기출빈도 ★★☆☆`
③ 추력발생 ④ 중력발생

해설 중력은 지구가 물체를 끌어당기는 힘으로, 아래쪽으로 작용하는 힘을 나타낸다.

비행 콘트롤러(비행 제어보드, FC, Flight Controller)

(1) 기능

① 드론(멀티콥터)의 움직임과 포지션 센서에서 감지된 정보, 그리고 무선 리모컨에서 생성된 정보를 제공받아 모터로 보내주는 기체 전체의 두뇌 역할을 함

② 각종 센서에서 측정된 값을 바탕으로 하여 현재 상태를 계산

③ 수신기에 수신된 명령을 드론(멀티콥터)에 보내 자세를 측정하고 제어

④ 위성시스템(GPS)를 이용한 위치 측정 및 자동 임무 수행

(2) 각종 센서(★)

① 자이로 센서(자이로스코프)

　ㄱ 중력에 따라 스스로 드론(멀티콥터)의 방향을 탐지하는 역할로 동체의 좌우 흔들림을 잡아줌

　ㄴ 조종자가 원하는 속도 및 기울기를 조절할 수 있어 비행자세 제어

② 가속도 센서 : 가속 측정 장치로 중력의 영향이 어느 정도 변화했는지 측정하는 센서

③ 기압(고도유지) 센서 : 대기압을 이용하여 공기의 압력을 측정하는 센서로 고도를 측정하기 위해 사용

④ 지자계(마그네틱) 센서 : 자기장의 방향을 측정하는 기능으로 나침반의 역할, 자북을 측정하여 현재 드론(멀티콥터)의 방향을 판단

⑤ 광류 및 음파탐지기 : 음파 탐지기는 드론(멀티콥터)가 지면에서 수 미터 떨어져 있을 때 고도를 측정

---

035 다음 중 멀티콥터의 비행자세 제어를 확인하는 시스템은? 　기출빈도 ★★★

① 자이로 센서　　　　　　② 지자계 센서

③ 위성시스템(GPS)　　　　④ 가속도 센서

036 다음 중 동체의 좌우 흔들림을 잡아주는 센서는? 　기출빈도 ★★★

① 자이로 센서　　　　　　② 자력계

③ 기압계　　　　　　　　④ GPS

---

answer　031 ①　032 ④　033 ④　034 ④　035 ①　036 ①

037 다음 중 항상 일정한 방향과 자세를 유지하려는 역할을 하며 멀티콥터(드론)의 '키' 조작에 필요한 역할을 하는 장치는? 기출빈도 ★★★☆☆

① 가속도 센서   ② 자이로스코프

③ 기압 센서   ④ 광류 및 음파 탐지기

038 다음 중 멀티콥터(드론) 제어장치가 아닌 것을 고르면? 기출빈도 ★☆☆☆☆

① GPS   ② 제어컨트롤

③ FC   ④ 프로펠러

> **해설** GPS는 위성에서 보내는 신호를 수신해서 현재 위치를 계산하는 항법시스템이다.

THEMA 10   배터리(battery) 개요

(1) 배터리 종류(★)

① 배터리의 구분

㉠ 1차 전지 : 건전지처럼 한번 사용하고 버리는 배터리

㉡ 2차 전지 : 충전과 방전이 가능한 배터리

※ 전동 소형무인기에 쓰이는 2차 전지는 주로 리튬이온(Li-Ion), 리튬폴리머(Li-po), 리튬 산화철(Li-Fe)과 같은 리튬 계열의 2차전지가 주로 쓰인다.

② 리튬(Lithium)

㉠ 리튬이온(Li-Ion) 배터리

- 높은 에너지 저장밀도로 니켈 계열 배터리에 비해 전압이 높고 성능이 뛰어남
- 충전지를 완전 방전되기 전에 재충전하면, 전기량이 남아있음에도 불구하고 충전기가 이를 방전 상태로 기억(memory)하게 되어, 최초에 가지고 있던 충전용량부터 줄어들며 배터리 수명이 줄어들게 되는 메모리 효과가 거의 없어 사용자가 편할 때 수시로 충전을 해도 배터리 수명에는 크게 영향을 주지 않음
- 배터리 안에 들어있는 전해액이 누액가능성과 폭발의 위험이 있음

㉡ 리튬폴리머(Li-po) 배터리(★)

- 리튬이온(Li-Ion) 배터리의 성능을 그대로 유지하면서 젤 타입의 전해질을 사용하여 폭발의 위험을 줄인 배터리
- 리튬 이온 배터리보다 용량이 적고 배터리 수명이 짧으며 제조공정이 복잡함
- 다양한 형태로 설계가 가능하며, <u>최근 소형기에 사용되는 배터리는 리튬폴리머 제품이 대부분임</u>

③ 니켈(Nickel)

  ㉠ 니켈카드뮴(Ni-Cd) 배터리

  - 충전식 배터리로 음극에서 사용하는 <u>카드뮴이 공해물질이라 지금은 거의 사용되고 있지 않음</u>
  - 메모리 효과가 있어 완전히 방전된 후 충전해야 함

  ㉡ 니켈수소(Ni-MH) 배터리 : 니켈카드뮴 배터리의 단점인 메모리효과를 보완한 배터리로 친환경적임

④ 나트륨(Natrium)

  ㉠ 최근 리튬의 대체재로 주목받고 있으나 리튬에 비해 상대적으로 성능이 떨어짐
  ㉡ 최근 기술의 발전에 따라 수명과 용량을 유지시키려는 노력이 이루어지고 있음

(2) 배터리 충전법

① 충전기는 배터리 전압, 용량 관리 기능을 지원하므로 가급적 배터리 제조사가 공급하는 순정품을 사용하는 것이 바람직함
② 통풍이 잘 되는 곳에서 충전하며, 충전중인 배터리에 충격을 가하지 말 것
③ 역충전에 주의하고, 배선을 반대로 접속하지 말 것
④ 충전지의 접지선을 반드시 접지해야 함
⑤ 배터리 손상에 주의하고, 적정 온도에서 충전

(3) 배터리 단위

① 배터리 용량의 단위 : 밀리암페어(mAh)으로 숫자가 높을수록 용량이 커 장시간 비행이 가능
② 전압의 단위 : 볼트(V)로 표기되며 전압이 일치해야 전류를 안정적으로 전송하며 드론 모터와 보드를 구동시킴
③ 비행시간 계산 : 비행시간 = (배터리 용량 × 배터리 방전 / 평균 전류 감소) × 60

039 | 최근 멀티콥터에 주로 사용하지 않는 배터리 종류를 고르면? `기출빈도 ★★★☆☆`

① Ni-Cd　　　　　　　　　　② Li-Fe

③ Ni-Mh　　　　　　　　　　④ Li-Po

040 | 2차 전지에 속하지 않는 배터리를 고르면? `기출빈도 ★★★☆☆`

① 니켈카트뮴(Ni-Cd) 배터리　　② 리튬폴리머(Li-Po) 배터리

③ 니켈수소(Ni-MH) 배터리　　④ 알카라인 전지

041 | 다음 중 초경량비행장치에 사용하는 배터리로 틀린 것을 고르면? `기출빈도 ★★★☆☆`

① Ni-MH　　　　　　　　　　② Ni-Cd

③ Li-Po　　　　　　　　　　④ Ni-CH

THEMA 11 배터리(battery) 관리 및 운용

(1) 배터리 보관

① 전압 유지 및 균형

　㉠ 하나의 셀(Cell)은 전체 배터리를 구성하고 있는 내부의 소형 배터리이다.

　㉡ 리튬폴리머(Li-Po) 배터리의 경우 충전 시 셀당 4.2V가 초과되지 않도록 하는데 정상적으로 작동할 경우 3.7V의 전력을 생산시킨다.

　㉢ 하나의 셀(Cell)의 적정 전압은 3.7V~3.85V 사이이다.

　㉣ 3S로 표시하는 것은 3개의 배터리 팩의 셀 수라는 의미이다.

　㉤ 방전율은 전류가 배터리에서 방출되는 속도로 25C/35C처럼 2개의 수치로 표시(작은 수치 - 지속적인 방전율, 큰 수치 - 순간적인 방전율)

② 배터리의 보관

　㉠ 배터리를 장기간 사용하지 않았을 경우 가장 이상적으로 보관할 수 있는 적정 전압은 3.7V~3.85V 사이이다.

　㉡ 리튬폴리머(Li-Po) 배터리는 온도에 민감하여 높은 온도의 경우 전압이 올라 부풀거

나 폭발의 위험이 있다.

ⓒ 리튬폴리머(Li-Po) 배터리는 낮은 온도의 경우 전압이 내려가 사용하지 못할 수 있다.

ⓔ 보관을 위해 장시간 방전하면 재충전이 되지 않는 상태가 될 가능성이 있다.

ⓜ 배터리는 다른 금속 재질 물체와 함께 운반, 보관하지 않으며, 보관시의 적정 온도는 20℃이다.

ⓗ 보관장소는 직사광선을 피할 수 있고 습하지 않은 곳이 바람직하다.

③ 리튬폴리머(Li-Po) 배터리의 폐기 방법

ⓖ 가능하면 잔량을 최소화 할 것 : 기기에 물려 끝까지 다 쓰면 좋음

ⓛ 0V를 확인하고 폐기 처리함

ⓒ 소금물에 담가 완전 방전 시킬 것

(2) 배터리 사용시 주의 사항

① 비행 시 주의 사항

ⓖ 배터리는 개봉 후 바로 날리지 않고 반드시 충전하여 사용한다.

ⓛ 멀티콥터(드론)의 프로펠러가 돌고 있는 상태에서는 배터리를 제거 또는 탈착하지 않는다.

ⓒ 출력이 약해졌을 경우 비행을 중지하고 충전하여 과방전을 방지한다.

ⓔ 배터리의 온도가 65℃ 정도로 높으면 즉시 착륙하여야 한다.

ⓜ 비행 직후에는 고온으로 인해 곧바로 충전해 사용해서는 안된다.

② 기타 유의 사항

ⓖ 리튬 배터리는 완전 방전 시키면 수명이 줄고 성능도 떨어지므로 용량이 30% 정도 남았을 때 충전하는 것이 바람직함

ⓛ 배터리를 충전하는 동안 오랫동안 방치하는 것은 금지됨

ⓒ 배터리 충전 중일 때, 배터리나 충전기 위에 무언가를 덮어 놓는 것은 엄격히 금지됨

ⓔ 배터리가 외형적으로 손상되면 화재의 위험이 대단히 크므로 절대 충전해서는 안됨

ⓜ 화재의 원인이 되므로 리튬 이온 배터리를 충전하는 동안 자리를 뜨면 안 됨

ⓗ 기온이 낮은 겨울철에는 배터리 효율이 떨어지므로 사용전 배터리를 사용가능한 온도로 높여야 함

ⓢ 300회 이상 충전 및 방전을 거치거나 전압관리에 소홀하면 배터리가 부풀어 오를 수 있으므로 배터리를 교체해 주는 것이 바람직함

042 다음 중 리튬폴리머(Li-Po) 배터리에 대한 설명으로 옳지 않은 것을 고르면?

① 20C, 25C 등은 방전율을 의미한다. **기출빈도 ★★☆☆☆**

② 한 셀만 3.2V이고 나머지는 4.0V 이상일 경우에는 정상이므로 비행에 지장 없다.

③ 6S. 12S 등은 배터리 팩의 셀 수를 표시하는 것이다.

④ 충전 시 셀당 4.2V가 초과되지 않도록 한다.

043 리튬폴리머(Li-Po) 배터리 사용 시 주의사항 중 옳은 것은? **기출빈도 ★★★★★**

① 리튬 배터리는 완전 방전 시킨 뒤에 충전하도록 한다.

② 리튬 배터리는 고온 다습한 곳에 보관하도록 한다.

③ 배터리의 가운데 부분이 부풀어 올라도 전압이 적당하면 사용해도 된다.

④ 충전기에 배터리를 물려놓고 자리를 비우지 않는다.

044 멀티콥터(드론) 배터리 관리 및 운용방법에 대한 설명으로 옳지 않은 것은? **기출빈도 ★★★★★**

① 전압 경고가 점등 될 경우 가급적 빨리 복귀 및 착륙 시키는 것이 좋다

② 전원이 켜진 상태에서 배터리 탈착이 가능하다.

③ 매 비행 시마다 완충된 배터리를 사용하는 것이 좋다.

④ 정격 용량 및 장비별 지정된 정품 배터리를 사용해야 한다.

045 회전익무인비행장치의 기체 및 조종기의 배터리에 대한 내용으로 틀린 것은? **기출빈도 ★★★☆☆**

① 조종기에 있는 배터리 연결단자가 헐거워지거나 접촉 불량 여부를 점검한다.

② 기체의 배선과 배터리와의 고정 볼트 고정 상태를 점검한다.

③ 배터리가 부풀어 오른 것을 사용하여도 문제없다.

④ 기체 배터리와 배선의 연결부위 부식을 점검한다.

46 멀티콥터(드론)에 사용되는 배터리 점검 및 사용에 대한 내용으로 틀린 것은?

① 배터리 가운데 부분이 부풀어 오른 것은 사용하면 안 된다. `기출빈도 ★★★★★`

② 배터리가 손상되면 화재의 위험이 있으므로 절대 충전해서는 안 된다.

③ 가능하면 충전기에 배터리를 물려놓고 자리를 비우지 않는다.

④ 배터리 보관에 있어서 가장 적정한 전압은 1셀당 약 8~10V이다.

`해설` 배터리 보관 적정 전압은 1Cell당 약 3.7~4.2V이다.

47 다음 중 배터리 보관 시 주의사항으로 볼 수 없는 것은? `기출빈도 ★★★☆`

① 손상된 배터리나 전력 수준이 50%이상인 상태에서 배송하지 말 것

② 더운 날씨에 차량에 배터리를 보관하지 않으며 적합한 보관 장소의 온도는 22℃~28℃이다.

③ 배터리를 낙하, 충격, 쑤심, 또는 인위적으로 합선시키지 말 것

④ 화로나 전열기 등 열원 주변처럼 따뜻한 장소에 보관

48 다음 중 리튬 폴리머 배터리 취급 및 보관 방법에 대한 설명으로 틀린 것은? `기출빈도 ★★★★`

① 배터리가 부풀거나 누유 또는 손상된 상태일 경우에는 수리하여 사용한다.

② 배터리는 -10℃~40℃의 온도 범위에서 사용한다.

③ 매 비행 시마다 배터리를 완충시켜 사용한다.

④ 비행 시 저 전력 경고가 표시될 때 즉시 복귀 및 착륙시킨다.

무인멀티콥터(드론) 필기 80테마 기출 348제

CHAPTER 03

무인항공기(드론)의 운용

CHAPTER

03

무인항공기(드론)의 운용

조종기 및 조종법

(1) 기본 구조

① 스틱(Stick)

㉠ <u>스로틀(Throttle) : 조종기의 스틱을 앞/뒤로 움직여 기체의 상승/하강을 제어</u>

㉡ <u>피치(Pitching), 엘리베이터(Elevator) : 조종기의 엘리베이터 스틱을 앞/뒤로 움직여 기체의 전/후 방향을 제어</u>

㉢ <u>롤(Roll), 에일러론(Aileron) : 조종기의 스틱을 좌/우로 움직여 기체의 좌/우 방향을 제어</u>

㉣ 요(yawing), 러더(Rudder) : 조종기의 스틱을 좌/우로 움직여 기체의 좌/우 회전을 제어

② 스위치(Switch) : On/Off 또는 Low/Mid/High 같이 설정된 값만 조작할 수 있는 장치

③ 포트(Pot, potentiometer) : 볼륨을 돌려서 값을 정할 수 있는 다이얼로 멀티 콥터의 카메라, 짐벌 등을 조작

④ 트림(Trim) : 멀티 콥터(드론)이 한 방향으로 기울거나 중심을 잡기 위해 스틱의 중심을 옮겨야 할 경우 사용하는 스위치

⑤ 캘리브레이션(Calibration) : 포트(Pot)와 스틱(Stick)에서 받는 정보가 충분한 범위 가지도록 조종

(2) 조종기 모드

① Mode 1 : 과거 방식으로 우측 스틱이 스로틀(Throttle)과 에일러론(Aileron)을, 좌측 스틱이 엘리베이터(Elevator)와 러더(Rudder)를 담당

② <u>Mode 2 : 현재 대부분의 방식으로 좌측 스틱이 스로틀(Throttle)과 러더(Rudder)를, 우</u>

측 스틱이 엘리베이터(Elevator)와 에일러론(Aileron)를 담당

③ Mode 3

④ Mode 4

(3) 멀티콥터(드론)의 비행 모드

① 수동 모드(Manual mode) : 조종자가 비행을 위한 모든 상황을 조정해야 하는 비행모드

② 자세제어(Attitude) 모드 : 자동비행시스템에서 자동으로 비행 자세를 유지시켜 수평을 잡아주는 모드

③ GPS 모드 : GPS 센서를 이용하여 드론(Drone)의 고도(Z)와 위치(X,Y)를 설정할 수 있는 모드로서 조정이 매우 용이한 모드

(4) 조종기의 보관

① 충격에 안전한 상자에 넣어 서늘한 곳에 보관(22~28℃ 상온)

② 배터리는 분리하여 따로 보관하며, 안테나가 눌리지 않도록 주의

49 다음 중 멀티콥터(드론)의 하강 비행 시 조종기의 조작방법은? `기출빈도 ★★★★`

① 스로틀을 내린다.　　　　② 스로틀을 올린다.

③ 에일러론을 우측으로 한다.　　④ 에일러론을 좌측으로 한다.

50 멀티콥터(드론)의 기체를 내리려는 경우 조종기의 조작방법은? `기출빈도 ★★★★`

① 엘리베이터를 전진한다.　　② 엘리베이터를 후진한다.

③ 스로틀을 내린다.　　　　　④ 스로틀을 올린다.

51 멀티콥터(드론)이 우측으로 이동할 경우 프로펠러 회전은? `기출빈도 ★★★★`

① 좌측 앞뒤 2개의 프로펠러가 더 빨리 회전한다.

② 우측 앞 좌측 뒤 프로펠러가 더 빨리 회전한다.

③ 좌측 앞 우측 뒤 프로펠러가 더 빨리 회전한다.

④ 우측 앞뒤 2개의 프로펠러가 더 빨리 회전한다.

answer　049 ①　050 ③　051 ①

해설 멀티콥터(드론)는 4개의 프로펠러가 대각선으로 짝을 지어 서로 다른 방향으로 돌아 양력을 만들어 비행할 수 있다. 움직이려 하는 반대 쪽 프로펠러가 더 빨리 회전해야 한다.

052 | 다음 중 멀티콥터의 비행모드로 틀린 것을 고르면? 기출빈도 ★★★☆☆

① GPS 모드
② 수동(manual) 모드
③ 에티(Atti) 모드
④ 고도제한 모드

053 | 멀티콥터(드론) 조종 시 옆에서 바람이 불고 있을 경우 기체 위치를 일정하게 유지하기 위해 필요한 조작법으로 옳은 것은? 기출빈도 ★★★★☆

① 쓰로틀을 올린다.
② 랜딩기어를 내린다.
③ 에일러론을 조작한다.
④ 엘리베이터를 조작한다.

054 | 무인동력장치 조종기 Mode 2의 수직하강을 하기 위한 올바른 방식은? 기출빈도 ★★☆☆☆

① 왼쪽 조종간을 올린다.
② 왼쪽 조종간을 내린다.
③ 엘리베이터 조종간을 올린다.
④ 에이러론 조종간을 조정한다.

055 | x자형 멀티콥터가 우로 이동하는 경우 로터의 회전 형태는? 기출빈도 ★★★★☆

① 왼쪽 2개가 천천히 회전하고, 오른쪽 2개는 빨리 회전한다.
② 왼쪽은 시계방향으로, 오른쪽은 하단에서 반시계 방향으로 회전한다.
③ 왼쪽 2개가 빨리 회전하고, 오른쪽 2개는 천천히 회전한다.
④ 왼쪽은 반시계방향으로, 오른쪽은 하단에서 반시계 방향으로 회전한다.

056 | 다음 중 멀티콥터의 기체 특성으로 옳은 것을 고르면?(단, 회전익의 피치는 고정되어 있다는 것으로 간주) 기출빈도 ★★★★☆

① 좌우로 이동할 수 없다.
② 요잉(yawing)을 할 수 없다.
③ 후진할 수 없다.
④ 급격한 강하를 할 수 없다.

57 다음 중 조종기 에일러론(Aileron)을 우측으로 하여 우로 수평 비행(회전)할 때 일어나는 현상은? `기출빈도 ★★★★`

① 우측 프로펠러의 속도가 감소하고, 좌측 프로펠러의 속도가 증가한다.

② 우측 프로펠러의 속도가 증가하고, 좌측 프로펠러의 속도가 감소한다.

③ 시계방향으로 도는 프로펠러의 속도가 감소하고, 반시계방향으로 도는 프로펠러의 속도가 증가한다.

④ 시계방향으로 도는 프로펠러의 속도가 증가하고, 반시계방향으로 도는 프로펠러의 속도가 감소한다.

58 다음 중 쿼드콥터를 오른쪽으로 회전하고 싶을 때 모터의 회전방향으로 옳은 것은? (단, 모터의 번호는 1시 방향부터 반시계방향으로 M1, M2, M3, M4이다) `기출빈도 ★★★★`

① M1 및 M3의 회전속도를 올리고, M2 및 M4의 회전속도를 낮춘다.

② M1 및 M2의 회전속도를 올리고, M3 및 M4의 회전속도를 낮춘다.

③ M2 및 M3의 회전속도를 올리고, M1 및 M4의 회전속도를 낮춘다.

④ M3 및 M4의 회전속도를 올리고, M1 및 M2의 회전속도를 낮춘다.

해설 M1 및 M3의 회전 속도를 올린다면 토크의 반작용에 의해 기체는 오른쪽으로 회전하게 된다.(멀티콥터는 M1, M3는 반시계 방향으로 회전하고, M2, M4는 시계 방향으로 회전하며 비행)

59 다음 중 멀티콥터(드론)이 우측으로 이동 할 경우 각 모터의 형태로 옳은 것은? `기출빈도 ★★★★`

① 오른쪽 프로펠러의 힘이 약해지고 왼쪽 프로펠러의 힘이 강해진다.

② 왼쪽 프로펠러의 힘이 약해지고 오른쪽 프로펠러의 힘이 강해진다.

③ 왼쪽, 오른쪽 각각의 로터가 전체적으로 강해진다.

④ 왼쪽, 오른쪽 각각의 로터가 전체적으로 약해진다.

해설 멀티콥터(드론)의 회전면에 따른 기체의 움직임
- **전진 비행** : 앞쪽의 모터는 느려지고 뒤쪽의 모터는 빨라진다.
- **후진 비행** : 뒷쪽의 모터는 느려지고 앞쪽의 모터는 빨라진다.
- **좌측 비행** : 우측의 모터가 빨라지고 좌측의 모터는 느려진다.
- **우측 비행** : 좌측의 모터가 빨라지고 우측의 모터는 느려진다.
- **좌측 회전** : 시계방향 모터는 빨라지고 반시계방향 모터는 느려진다.
- **우측 회전** : 시계방향 모터는 느려지고 반시계방향 모터는 빨라진다.
- **상승** : 모터 전체의 속도가 빨라진다.
- **하강** : 모터 전체의 속도가 느려진다.

answer 052 ④ 053 ③ 054 ② 055 ③ 056 ④ 057 ① 058 ① 059 ①

060 헥사콥터의 로터 하나가 비행 중에 회전수가 감소될 경우 발생할 수 있는 현상으로 가장 옳은 것을 고르면? 기출빈도 ★★★★☆

① 상승을 시작한다.

② 전진을 시작한다.

③ 진동이 발생한다.

④ 요잉(yawing) 현상을 발생하면서 추락한다.

061 멀티콥터(고정피치)의 조종방법 중 가장 위험한 조작법은? 기출빈도 ★★★★☆

① 수직으로 상승하는 조작　　② 요잉을 반복하는 조작

③ 후진하는 조작　　　　　　④ 급강하하는 조작

[해설] 비행 중 비정상적인 방법으로 기체를 흔들거나 자세를 기울이거나 급상승, 급강하 하거나 급선회를 하지 말아야 한다.

062 조종기를 장시간 사용하지 않을 경우 보관 방법으로 틀린 내용을 고르면?

① 충격에 안전한 상자에 넣어서 보관한다. 기출빈도 ★★★☆☆

② 안테나는 벽과 같은 곳에 장시간 눌리지 않도록 한다.

③ 장시간 사용하지 않은 경우 배터리는 분리하여 따로 보관하도록 한다.

④ 주변 온도는 고려하지 않아도 된다.

[해설] 조종기를 장시간 보관 시 충격에 안전한 상자에 넣어 서늘한 곳에 보관한다.

063 다음 중 조종기 관리법에 대한 내용으로 틀린 것을 고르면? 기출빈도 ★★★☆☆

① 조종기는 하루에 한번 씩 체크를 한다.

② 조종기 장기 보관 시 배터리 컨넥터를 분리한다.

③ 조종기는 22~28℃ 상온에서 보관한다.

④ 조종기 점검은 비행 전 시행을 한다.

[해설] 헬리콥터형이나 멀티콥터형은 대부분 조종기를 이용하여 조종하는데 비행할 때 마다 체크를 한다.

064 조종기를 장시간 사용하지 않을 경우 보관 방법으로 옳은 것을 고르면? 기출빈도 ★★★

① 방전 후에 사용을 할 수 있다.

② 장기간 보관 시 배터리 컨넥터를 분리한다.

③ 온도에 상관없이 보관한다.

④ 케이스와 같이 보관한다.

THEMA 13 송·수신 장비 및 멀티콥터(드론) 통신

(1) 송·수신 장비

① 송신기 : 기체를 움직이게 하는 명령 및 신호를 전파신호로 수신기에 송출하여 멀티콥터(드론)의 비행명령을 내리는 장치

② 수신기 : 조종기의 송신기에서 송출되는 전파를 수신하여 멀티콥터(드론)의 FC(Flight Controller)에 보내주는 장치

③ 송·수신 장비 점검 시 내용 : 안테나 접합부위 파손 여부, 전파 차폐에 의한 노콘(조종 신호 두절 현상) 여부 등

(2) 멀티콥터(드론) 통신

① 공공기관이나 민간에서 띄우는 멀티콥터(드론) 주파수 : 2.4 GHz나 5.8 GHz 사용

② 멀티콥터(드론) 송신거리 테스트 방법

　㉠ 기체를 지면으로 부터 60cm 이상 위치시킨 뒤 수신기의 안테나를 지면으로 부터 멀리 떨어뜨린다.

　㉡ 송신기의 안테나를 지면을 기준으로 수직으로 세운다.

　㉢ 송신기와 수신기의 전원을 켠다.

　　• 송신거리 테스트 모드로 진입하기 위해, 송신기의 F/S 버튼을 4초이상 누른다.

　　• 송신 모듈의 LED가 붉게 깜박이면, 송신율이 대폭 감소하는 송신거리 테스트 모드가 작동하기 시작한다.

　　• 정상 송수신 거리의 1/30로 송수신 거리가 줄어든다.

---

answer 060 ④ 061 ④ 062 ④ 063 ① 064 ②

㉣ 송신기의 모든 키를 움직이면서, 기체가 정상 작동 하는지 확인한다. 30m 이상 거리가 될 때까지 모든 컨트롤이 정상 작동 하면 송신거리 테스트를 완료 한다.

③ 레인지(Range) 테스트 : 조종기의 배터리 파워가 줄어들었을 긴급 상황을 대비하기 위해서 드론과 조종기의 최대 수신거리를 테스트 하는 것

065 | **초경량비행장치의 비행 전 송신거리 테스트에 대한 내용 중 틀린 것을 고르면?**

① 기체와 100m 떨어져서 레인지 모드로 테스트한다. 기출빈도 ★☆☆☆☆

② 송신기의 모든 키를 움직이면서, 기체가 정상 작동 하는지 확인한다.

③ 30m 이상 거리가 될 때까지 모든 컨트롤이 정상 작동하면 송신거리 테스트를 완료한다.

④ 기체를 지면으로 부터 60cm 이상 위치시킨 뒤 수신기의 안테나를 지면으로 부터 멀리 떨어뜨린다.

해설 레인지(Range) 테스트는 조종기의 배터리 파워가 줄어들었을 긴급 상황을 대비하기 위해서 드론과 조종기의 최대 수신거리를 테스트 하는 것이다.

066 | **다음 중 멀티콥터(드론)의 송 · 수신장비 점검에 대한 설명으로 틀린 것은?**

기출빈도 ★☆☆☆☆

① 수신기 주변에 노이즈의 간섭을 받을 수 있는 물체가 있는지 확인한다.

② 안테나 접합부위가 파손 시 조종기 전파가 무지향성과 지향성으로 혼선될 수 있다.

③ 조종기 스위치들은 한 개만 샘플로 점검한다.

④ 수신기가 꼬여 있거나 차폐가 심한 위치에 있는지 확인한다.

해설 송수신기는 일정거리 이상 운용이 되지 않거나 전파 차폐에 의한 노콘(조종신호 두절 현상)이 일어날 수 있다. 각 스위치별로 설정된 기능을 모두 점검하여야 한다.

무인 항공기 시스템/위성항법 시스템(GPS)

(1) 시스템 개요

① 무인 항공기 시스템 : 무인 비행체(UAV)에 통제체계(원격조종장치, 데이터링크 등)와 지원장비 등을 포함시킨 것

② 지상조종 장비(GCS) : 무인 비행체의 비행상태와 고장여부를 감시하여 조작자가 비행장치에게 지시, 통제 등의 명령을 내리기 위해 지상에 기반을 둔 장비

③ 탑재 장비 : 무인 비행체에 실려 지상 조종장비의 지시를 받아 자동조종과 임무를 수행하는 장비로 주간(EO)카메라, 적외선(FLIR) 감시카메라, 통신 중계 장비 등

④ 관성 측정 장치 : 무인 비행체의 비행 중에 삼차원 자세를 측정하기 위하여 가속도계 3개와 각속도계 3개를 서로 직교하도록 설치하여 각각의 측정치를 수식 처리하는 장치

⑤ 항법 장치 : 3차원 공간에서 무인 비행체의 위치를 측정하는 장치로 인공위성들로부터 신호를 받아 처리하는 GPS(global positioning system), 초정밀의 관성측정장치의 측정치를 계산하여 위치를 구하는 관성항법장치 및 지상국의 전파를 측정하여 위치를 구하는 전파항법장치 등

(2) 위성항법시스템(GPS)

① 인공위성의 신호를 이용하여 멀티콥터(드론)의 위치 좌표 및 고도를 측정

② 지구 주위를 돌고 있는 24개의 위성군에서 위치측정에 필요한 정보를 항상 전송하고 있으며, 사용자는 최소한 4개의 위성으로부터 전파를 수신하면 그 정보를 처리함으로써 언제 어디서나 자신의 현재 위치를 측정할 수 있음

③ GPS의 장애요소 : 태양의 활동변화, 주변 환경(주변 고층 빌딩 산재, 구름이 많이 낀 날씨 등)에 의한 일시적인 문제, 의도적인 방해. 위성의 수신 장애 등

067 무인비행장치의 탑재임무장비(Payload)로 틀린 것을 고르면? 기출빈도 ★☆☆☆☆

① 통신 중계 장비　　　　② 데이터링크 장비
③ 적외선(FLIR) 감시카메라　　　④ 주간(EO)카메라

answer　065 ① 　066 ③ 　067 ②

068 다음 중 무인멀티콥터(비행장치)의 위치를 확인하는 시스템은? 기출빈도 ★★☆☆☆

① 위성측위 시스템(GPS) ② 지자기 방위센서

③ 가속도 센서 ④ 자이로 센서

해설 GPS는 멀티콥터(드론)의 위치를 제어한다.

THEMA 15 비행 전 점검

(1) 날씨 점검

비행을 준비하기 전에 기본적으로 일기예보(풍향, 풍속, 지구자기장 수치 등)를 확인

(2) 기체 점검^(★)

프로펠러 → 모터 → 암 → 메인 프레임 → 스키드 → GPS 순으로 점검

날개	로터 고정상태 확인
	좌, 우 로터 레벨 확인
	로터와 모터 간 상,하,좌,우 유격확인
	균열, 뒤틀림, 파손, 도색상태 확인
모터	모터의 이물질 여부 확인
	모터를 한 바퀴 돌려서 마찰여부 확인(정방향)
	모터의 부하여부(타는 냄새) 및 변색여부 확인
변속기	변속기 타는 냄새 확인
기체외부	메인프레임의 크랙 및 파손여부 확인
	LED램프 부착상태 확인
	GPS안테나 고정여부 및 배선상태 확인
	수신기 안테나 상태 확인
	FC박스 및 PMU 고정상태, 배선 확인
	고정클립 체결 상태 확인
기체내부	메인배터리 커넥터(단선, 간섭) 확인
스키드	기체 장착상태, 균열, 파손, 마모확인
살포장치	약제 주입구 마개 잠금 상태 확인
	살포대 및 노즐, 밸브 상태 확인
배터리	메인배터리 연결 및 상태 확인

(3) 조종기 점검

조종기의 스위치, 안테나, 전압 확인(5V 이상) 등

(4) 시스템 점검

① 통신상태·GPS 수신 상태를 점검

② 조종기 전원 인가 : FCC 전원 인가 후 조종기상에서 알람 확인

③ GPS 수신 상태 확인 : 기체 자체 시스템 점검 후 GPS 위성이 안정적으로 수신이 되는지를 확인

④ 기체동작 점검 : 각 모드별로 동작 상태를 반드시 확인

(5) 방제작업 비행 전에 점검할 항목

풍향·풍속, 살포구역, 위험장소, 장애물의 위치 확인

---

069 다음 중 비행 전 점검사항으로 볼 수 없는 것은? **기출빈도 ★★★★**

① 모터 및 기체의 전선 등 점검
② 기기 배터리 및 전선 상태 점검
③ 스로틀을 상승하여 비행해 본다.
④ 조종기 배터리 부식 등 점검

070 멀티콥터(드론)의 비행전 점검 절차에 대한 설명으로 틀린 것은? **기출빈도 ★★★★**

① 기체 자체 시스템 점검 후 GPS 위성이 안정적으로 수신이 되는지를 확인한다.
② 메인 프로펠러의 장착상태와 파손여부를 확인한다.
③ 배터리 체크 시 절반 이상의 셀이 정격전압 이상일 때 비행 가능하다.
④ FC 전원 인가 전에 조종기 전원을 사전인가 한다.

해설 GPS는 멀티콥터(드론)의 위치를 제어한다. 리튬폴리머의 경우 1개 Cell이라도 정격전압(3.7V) 이하로 되어 있다면 그 배터리는 재충전하여 사용하면 안 된다.

071 멀티콥터(드론)의 비행 전 점검에 대한 내용으로 옳지 않은 것은? 기출빈도 ★★★★☆

① 배터리 잔량을 체커기를 통해 육안으로 확인한다.

② 통신상태 및 GPS 수신 상태를 점검한다.

③ 기체 아래 부분을 점검할 때 기체는 호버링 시켜놓은 뒤 그 아래에서 상태를 확인한다.

④ 메인 프로펠러의 장착과 파손여부를 확인한다.

해설 기체 외관 점검 : 메인 프로펠러의 장착상태와 파손여부를 확인하고 기체의 배터리 잔량을 셀 체커기와 전압 게이지를 통해 육안으로 확인한다. 기체 자체 점검은 반드시 기체의 시동을 꺼놓은 상태에서 실시한다.

072 초경량비행장치 비행 전 조종기 테스트 방법으로 올바른 것을 고르면? 기출빈도 ★★★☆☆

① 기체를 이륙해서 조종기를 테스트 한다.

② 기체와 30m 떨어져서 레인지 모드로 테스트 한다.

③ 기체 바로 옆에서 테스트를 한다.

④ 기체와 100m 떨어져서 일반 모드로 테스트 한다.

해설 레인지(Range) 테스트는 기체와 30m 떨어져서 드론과 조종기의 최대 수신거리를 테스트 하는 것이다.

073 다음 중 조종자가 방제작업 비행 전에 점검할 항목으로 옳지 않은 것은? 기출빈도 ★★☆☆☆

① 지형, 건물 등의 확인

② 살포구역, 위험장소, 장애물의 위치 확인

③ 풍향, 풍속 확인

④ 주차장 위치 및 주변 고속도로 교통량의 확인

074 멀티콥터(드론)에 고정피치 프로펠러를 장착하고 시운전 중 진동이 느껴지는 원인으로 옳은 것은? 기출빈도 ★★☆☆☆

① 프로펠러 장착 볼트의 조임이 일정하지 않다.

② 프로펠러의 장착과는 관계없다.

③ 프로펠러의 표면이 거칠다.

④ 엔진 출력에 비해 큰 마찰수에 적당한 프로펠러를 장착했다.

해설 프로펠러 장착 볼트는 구멍에 잘 장착하고 확실하게 죄어 주어야 한다. 프로펠러 밸런스는 기체 밸런스에 영향을 미쳐서 멀티콥터(드론)의 안정적인 비행을 방해한다.

75 | 다음 중 농업용 무인회전익 비행장치 비행 전 점검 내용으로 틀린 것은? 기출빈도 ★★★

① 기체이력부에서 이전 비행기록과 이상 발생 여부는 확인할 필요가 없다.

② 전원 인가상태에서 각 조종부위의 작동 점검을 실시한다.

③ 연료 또는 배터리의 완충 여부를 확인한다.

④ 비행체 외부의 손상 여부를 육안 및 촉수 점검한다.

76 | 다음 중 비행 전 조종기 점검 사항으로 틀린 것은? 기출빈도 ★★★

① 조종 스틱이 부드럽게 전 방향으로 움직이는지 확인한다.

② 조종기를 켠 후 자체 점검 이상 유무와 전원 상태를 확인한다.

③ 각 버튼과 스틱들이 off 위치에 있는지 확인한다.

④ 조종기 트림은 자동으로 중립 위치에 설정되므로 확인이 필요 없다.

해설 무인항공기 시스템 조종자는 항공기의 시동을 걸고 정지비행(Hovering)을 할 때 항공기가 한쪽 방향으로 흐름현상이 발생할 경우 조종면을 조절(Trim)하여 정지비행상태를 유지시켜야 한다.

THEMA 16 **무인항공기(드론)의 비행 절차**

(1) 이륙(take-off)

① 이·착륙지 선정 : 사람이나 차량의 이동이 적은 곳, 기체 주변에 장애물이나 바람에 의해 날아갈 물건이 없는 곳, 경사진 지형의 경우 이착륙 금지

② 안전거리 확보 및 비행 주변 안전 확인 : 기체로부터 안전거리 15m 이상을 이격

③ 수동 모드 확인, 스로틀 조정 및 조정 스틱 중립 위치 확인(기타 모든 스위치 OFF)

④ GPS 위성 수신 상태와 수신량 확인 : 최소 12개 이상 시 비행 가능

⑤ <u>워밍업 : 엔진을 사용하는 비행체(여름철 약 2분, 봄·가을철 약 3분, 겨울철 약 5분간), 배터리 사용비행체(GPS 수신율 또는 송·수신기 신호감소 향상 목적)</u>

⑥ <u>이착륙은 수직으로 천천히 실시</u>

⑦ <u>회전익 소형무인기의 경우 호버링상태(제자리비행)에서 작동점검 실시</u>

(2) 비행체 운용(비행)

① 비행체 주시 및 방향 유지

② <u>비행 중 스로틀의 급조작·과조작을 자제</u>

③ <u>고도 유지 : 조종자와 멀티콥터(드론) 간의 최대 수평거리 500m~1km(통상 가시권) 이내, 지면으로부터 고도 150m(항공안전법 기준) 이내</u>

④ <u>악천우 시 운행 자제 : 비, 안개, 천둥, 번개가 치거나 풍속 5m/sec 이상의 바람이 불 경우</u>

⑤ <u>지구자기장 교란 수치가 "5" 이상일 경우 비행 자제</u>

⑥ 육안으로 기체를 직접 볼 수 없을 경우 비행을 중지시키고 기체 복귀

(3) 착륙(landing)

① 회전익 소형무인기의 안전한 착륙을 위해 조종자는 기체와 15m이상의 안전거리를 유지

② 회전익 소형무인기의 경우 기체가 1m 상공에 위치했을 때 스로틀을 미세하게 조작하여 천천히 착륙할 수 있도록 제어·조종하여 착륙

③ 착륙 후 모터 출력이 내려가기 전에 강제로 모터 정지를 금지

---

077 | **멀티콥터(드론)의 비행절차에 대한 내용으로 틀린 것은?** `기출빈도 ★★★`

① 5m/sec 이상의 바람이 불 때는 가급적 비행하지 않는다.

② 기체로부터의 안전거리는 5m 이상을 확보한다.

③ 지면으로부터 고도 150m 이내를 유지한다.

④ 지구자기장 교란 수치가 5 이상일 경우 비행을 자제한다.

`해설` 기체에서 15m 이상 이격하여 안전거리를 확보하여 비행한다.

078 다음 중 회전익 비행장치 이륙 절차로 옳지 않은 것을 고르면? 기출빈도 ★★★☆☆

① 제자리비행 상태에서 전/후/좌/우 작동 점검을 실시한다.

② 시동이 걸리면 바로 고도로 상승시켜 불필요한 연료 낭비를 줄인다.

③ 비행 전 각 조종부의 작동점검을 실시한다.

④ 이륙은 수직으로 천천히 상승시킨다.

079 멀티콥터(드론)의 이륙 과정 중 주의사항으로 틀린 것은? 기출빈도 ★★★☆☆

① 이륙 시 스로틀을 급조작하지 않는다.

② 사전에 안전한 이착륙 장소를 설정한다.

③ 시동 후 예열은 연료의 낭비를 초래하며 오히려 안전운행에 방해가 되므로 하지 않는 것이 좋다.

④ 기체에서 15m 이상 이격하여 안전거리를 확보하여 비행한다.

[해설] 엔진을 사용하는 비행체는 시동 후 반드시 워밍업(여름철 약 2분, 봄·가을철 약 3분, 겨울철 약 5분간)을 하도록 한다.

080 다음 중 멀티콥터(드론)의 착륙지점에 대한 설명으로 옳지 않은 것은? 기출빈도 ★★★☆☆

① 평평한 해안 지역

② 고압선이 없고 평평한 지역

③ 바람에 날아가는 물체가 없는 평평한 지역

④ 평평하면서 경사진 곳

[해설] 경사진 지형에서는 프로펠러가 부러지기 쉬워 이착륙을 금지한다.

THEMA 17 비행 후 점검

(1) 기체 외관 점검

메인 프로펠러의 장착상태와 모터, 변속기, GPS 안테나, 메인프레임이나 스키드(랜딩기어)의 외관상 결함이나 결합부위상의 볼트 풀림 현상 등

answer 077 ② 078 ② 079 ③ 080 ④

(2) 조종기 점검

조종기의 스위치, 안테나, 외관, 배터리 사용상태 등

(3) 프로펠러

프로펠러의 외형상 변화나 고정나사 풀림 등

(4) GPS

메인프레임에 GPS가 잘 고정되어 있는지 확인

---

081 | 비행 후 점검사항에 대한 내용으로 옳지 않은 것은?   기출빈도 ★☆☆☆☆

① 수신기를 끈다.
② 송신기를 끈다.
③ 열이 식을 때까지 해당 부위는 점검하지 않는다.
④ 기체를 안전한 곳으로 옮긴다.

해설 | 비행 후 점검은 비행 전 점검 절차와 동일하지만 비행 전 점검단계에서는 조종기를 먼저 'On'
하고, 비행 후 점검단계에는 메인배터리를 먼저 제거하여야 한다. 수신기는 기체에 있어, 전원을
끄면 자동으로 꺼진다.

THEMA 18 비행 중 비정상 상황 대처

(1) 비상상황 시 조치법 개요

① 비행 중 멀티콥터의 이상 반응, 진동, 소리, 냄새 등 비정상적인 상황 발생 시에는 주위
에 큰 소리로 알린다.

② GPS모드에서 자세제어(atti)모드로 빠르게 반복적으로 전환하여 키가 작동하는지 확
인한다.

③ 즉시 안전한 장소에 멀티콥터(드론)를 착륙시킨다.

④ 주위에 적합한 착륙 장소가 없으면 사람들이 없는 위험하지 않은 곳에 추락시켜야한다.

⑤ 비상 기동을 촉발할 만한 경우 : 위치감각 상실, GPS 신호 상실, 컴파스 고장, 시선에서 놓침, 영상 수신 끊김, 기체 잃어버림, 불규칙한 움직임, 비행경로상 물체, 새(Birds) 등

(2) 이상 · 결함의 원인 및 대처

① 프로펠러 탈락

ㄱ 원인 · 상황 : 비행 중 모터의 RPM 상승(프로펠러 회전수 급상승), 프로펠러의 회전수가 급격하게 상승하면서 <u>느슨하게 체결된</u> 나사 및 마모 상태 불량 등

ㄴ 대처 · 예방 : 이륙비행 전 지상에서 스로틀을 올려 모터 및 프로펠러의 회전수(RPM)을 상승시켜 이상 유무를 점검, 이동·보관 시 프로펠러의 충격 및 파손, 비행 중 추락 및 추돌할 경우, 프로펠러는 재사용하지 않고, 새 제품으로 교체

② 비상엔진 정지(CSC)

ㄱ 원인 · 상황 : 조종자의 부주의, 비상엔진 정지키는 비행 중에 조종장치의 양쪽 스틱을 대각선 아래 중심 및 대각선 아래 바깥쪽으로 조작하면 "비상엔진 정지 CSC" 명령을 인식하여 모터가 정지하는 경우

ㄴ 대처 · 예방 : 비행 시 가급적 조종장치의 스틱을 동시에 여러 명령을 작동시키지 않음, 스틱의 조작·범위를 끝까지(아래쪽) 조작하지 않음

③ 홈포인트 귀환(배터리 부족, 통신두절)

ㄱ 원인 · 상황 : 비행 중 배터리 부족, 높은 빌딩, 산 등 지형지물에 의해 통신이 두절될 경우 기체는 이륙했던 지점으로 되돌아오는 기능(RTH; Return to Home)을 자동적으로 수행하게 되는데 자동복귀 경로에 빌딩 및 산 등 지형지물 등의 장애물이 위치하고 있을 경우, 장애물에 의한 충돌 및 추락사고의 발생

ㄴ 대처 · 예방 : 비행 전 기체의 자동복귀 설정 시 "복귀 고도(RTH)"를 지형지물보다 높게 설정(지나치게 높은 고도로 설정하는 것은 배터리 부족으로 복귀하지 못하는 경우를 발생 시킬 수 있음.)

④ 배터리 저전압

ㄱ 원인 · 상황

• 임무비행 중 기체의 배터리 부족 시(Low Batter : 30%) 기체는 이륙했던 지점으로 자동복귀

- 기체의 배터리 잔량이 10%(Critical Batter Lavel) 미만일 경우는 기체가 위치하고 있는 현 지점에서 강제로 착륙
  - ○ 대처 · 예방
    - 비행 중 배터리 부족상태를 확인하면 안전한 착륙장소를 탐색·확인하여, 즉시 착륙비행 실시
    - 현장에서 비행을 할 때는 100% 완충 된 배터리를 사용
    - 주기적인 점검 및 관리·교환을 통해 배터리를 효율적으로 사용
- ⑤ 비상착륙(Forced Landing)
  - ○ 원인 · 상황 : 임무비행 중 기체의 결함 및 이상발생, 강풍 및 우천 등 기상이변, 저전압(배터리 잔량 30% 미만) 현상 등 예상치 못한 비정상 상황
  - ○ 대처 · 예방 : 비상착륙 시 착륙지점은 지형이 평탄한 지점을 선정하고, 기체의 급하강 및 과조작은 사고 발생의 가능성이 있으므로 급한 상황에서도 침착하게 조종할 것
- ⑥ 주위 환경 간섭/전파이상
  - ○ 원인 · 상황
    - 원인 : 변전소, 고압선, 송전탑, 방송국, 중계국, 기지국, 철골 구조물, 맨홀 등
    - 상황 : 기체의 GPS, 지자계 등이 오작동 되어 조종제어 불가
  - ○ 대처 · 예방 : 오작동시 기체 상승으로 간섭원에서 탈출 후 귀환, 전파 이상이 발생할 시에는 비행 모드를 변경(GPS모드 → 자세모드) 하여 전파 이상이 발생된 지역 탈출

(3) 소형무인기 시스템 이상 표시

- ① 경고등 : 심각하고 긴급 조치를 요하는 부분에 대해서 적색 경고등 및 필요시 알람 형태로 표시
- ② 주의 표시 : 주의를 요하는 수준으로서 비행이 계속될 경우 문제가 될 수 있는 상황들에 대해서 황색등의 경고등 형태로 수치와 함께 표시
- ③ 사례 : 노란색이 빠르게 점멸(조종기의 신호 끊김), 빨간색이 천천히 점멸(기체 배터리 잔량 부족 1차 경고), 빨간색이 빠르게 점멸(기체 배터리 잔량 부족 2차 경고로 기체를 내려야 함), 빨간색 점멸(IMU 에러), 빨간색 점등(심각한 오류), 빨간색과 노란색이 교대로 깜빡임(나침반 칼리브레이션 요구)

082 | 다음 중 비상상황 시 조종자가 취해야 할 절차로 틀린 내용은?

① GPS모드에서 조종기 조작이 불가능 할 경우 자세모드(atti 모드)로 변환하여 인명 시설에 피해가 가지 않는 장소에 빨리 착륙시킨다.

② 주변에 비상상황을 알려 사람들이 드론으로부터 대피하도록 한다.

③ GPS 모드에서 조종기 조작이 가능할 경우 바로 안전한 곳으로 착륙시킨다.

④ 드론이 비정상적으로 기울었다가 수평상태로 돌아오는 현상이 계속되면 RPM을 올려 공중에서 수평을 맞춘다.

해설 무인헬리콥터의 로터 블레이드 RPM은 반드시 규정 범위를 유지되어야 한다. 무인헬리콥터가 비정상적으로 기울었다가 수평상태로 돌아오는 현상이 계속되면 스로틀을 서서히 내리면서 착륙하여야 한다.

083 | 다음 중 멀티콥터(드론) 조종 중 비상상황 발생 시 가장 먼저 해야 하는 것은?

① 큰 소리로 주변에 비상상황을 알린다.

② RPM을 올려 빠르게 비상위치로 착륙시킨다.

③ 공중에 호버링된 상태로 정지시켜 놓는다.

④ GPS모드를 자세모드로 변환하여 조종을 시도한다.

해설 비행 중 멀티콥터의 이상 반응, 진동, 소리, 냄새 등 비정상적인 상황 발생 시에는 주위에 큰 소리로 알린다.

084 | 다음 중 비행 중 멀티콥터 기체에 과도한 흔들림 발생 시 해야 하는 행동은?

① 안전한 곳으로 착륙시켜 부품을 점검한다.

② 호버링 시킨 뒤 흔들림이 멈출 때까지 기다린다.

③ 회전수를 더 올려서 흔들림이 멈출 때까지 조종한다.

④ 기울어지는 방향 반대쪽 모터의 회전수를 높인다.

해설 동적 불안정이란 평형 상태에 있는 물체에 외부의 힘이 가해졌을 때 시간의 경과와 더불어 진동이 감소하지 않고 진폭이 점점 커지는 상태를 말한다. 모터나 프로펠러의 문제로 기체에 동적 불안정 발생 시에는 즉시 안전한 곳으로 착륙시킨 뒤 기체를 점검해야 한다.

answer 082 ④ 083 ① 084 ①

085 비행 중 조종기의 배터리 경고음이 울렸을 때 취해야 할 조치로 옳은 것은?

① 즉시 기체를 착륙시키고 엔진 시동을 정지시킨다. `기출빈도 ★★★☆☆`
② 재빨리 송신기의 배터리를 예비 배터리로 교환한다.
③ 기체를 원거리로 이동시켜 제자리 비행으로 대기한다.
④ 경고음이 꺼질 때까지 기다려본다.

`해설` 기체의 조종·제어 반응에 이상이 있거나, 배터리 부족 경고음이 발생할 경우, 안전하고 신속하게 착륙을 시도하여 비행을 종료해야 한다.

086 멀티콥터(드론) 비행 중 조작불능 시 가장 먼저 할 행동은? `기출빈도 ★★★☆☆`

① 소리를 크게 쳐서 알린다. ② 안전하게 착륙시킨다.
③ 급하게 불시착시킨다. ④ 조종자 가까이 이동시켜 착륙시킨다.

087 초소형비행장치에 고정피치 프로펠러를 장착하고 시운전 중 진동이 느껴졌을 경우 예상되는 원인으로 맞는 것은? `기출빈도 ★★★☆☆`

① 프로펠러에 장착된 볼트의 조임이 일정하지 않다.
② 엔진 출력에 비해 마찰수가 큰 프로펠러를 장착하였기 때문이다.
③ 프로펠러의 표면이 거칠어 열이 난 경우이다.
④ 프로펠러의 장착과는 관련이 없다.

088 이륙 중 또는 비행 중 엔진 고장이 발생할 경우의 조치로 틀린 내용은? `기출빈도 ★★☆☆☆`

① 비행 중 엔진고장은 비행속도를 감소시켜 활공 속도를 유지한다.
② 불시착을 결심하면 연료차단밸브 및 전원스위치를 오프(off) 시킨다.
③ 이륙 중 엔진고장 시 재시동 절차에 따라 엔진 재시동을 시도한다.
④ 이륙 중 엔진고장은 가능한 한 전방의 안전지대를 선정하여 비상착륙을 시도한다.

089 | 멀티콥터(드론)을 조종 중 갑자기 기계에 이상이 생겼을 때의 조치로 올바른 것은?

① 주위사람에게 큰소리로 외친다. 기출빈도 ★★★

② 최단거리로 비상착륙을 한다.

③ 급추락이나 안전하게 착륙시킨다.

④ 자세제어 모드로 전환하여 조종을 한다.

090 | 초소형비행장치 비행 중 비상사태가 발생 시 가장 먼저 조치해야 할 사항은?

① 육성으로 주의 사람들에게 큰 소리로 위험을 알린다. 기출빈도 ★★★

② 사람이 없는 안전한 곳에 착륙을 한다.

③ 자세제어(atti)모드로 전환하여 조종을 한다.

④ 가장 가까운 곳으로 비상 착륙을 한다.

091 | 멀티콥터 비행 중 떨림 현상이 발견되었을 경우 착륙 후의 조치로 옳은 것을 모두 고르면? 기출빈도 ★★★

> 가. rpm을 낮추고 낮게 비행한다.
>
> 나. 프로펠러와 모터의 파손 여부를 확인한다.
>
> 다. 조임쇠와 볼트의 잠김 상태를 확인한다.
>
> 라. 기체의 무게를 줄인다.

① 가, 나 　　　　　　　　② 나, 다

③ 나, 라 　　　　　　　　④ 다, 라

092 | 무인회전익비행장치 비상절차에 대한 설명 중 틀린 내용은? 기출빈도 ★★★

① 주변에 비상상황을 알려 사람들이 드론으로부터 대피하도록 한다.

② GPS 모드에서 조종기 조작이 가능할 경우 바로 안전한 곳으로 착륙시킨다.

③ GPS모드에서 자세제어(atti)모드로 빠르게 반복적으로 전환하여 키가 작동하는지 확인한다.

④ 드론이 비정상적으로 기울었다가 수평상태로 돌아오는 현상이 계속되면 RPM을 올려 공중에서 수평을 맞춘다.

093 | 초소형비행장치에 고정 피치 프로펠러를 장착하고 시험운전 중 진동이 느껴졌을 경우 추정되는 원인으로 옳은 것은? `기출빈도 ★★★☆☆`

① 프로펠러 장착 볼트의 조임치가 일정하지 않다.

② 프로펠러의 장착과는 관계없다.

③ 프로펠러의 표면이 거칠다.

④ 엔진 출력에 비해 큰 마력 수에 적당한 프로펠러를 장착했다.

094 | 무인회전익비행장치 비상절차에 대한 설명 중 틀린 것을 고르면? `기출빈도 ★★★☆☆`

① 항상 비행 상태 경고등을 모니터하면서 조종해야 한다.

② 비정상적인 상황 발생 시에는 주위에 큰 소리로 알린다.

③ 제어시스템 고장 경고가 점등될 경우, 즉시 착륙시켜 주변 피해가 발생하지 않도록 한다.

④ 전류, 전압이 일정치 않게 공급되면 스로틀을 서서히 올리면서 착륙하여야 한다.

> **해설** 전류, 전압이 일정치 않게 공급되면 드론이 비정상적으로 기울었다가 수평상태로 돌아오는데 이때는 바로 안전한 곳으로 스로틀을 서서히 내리면서 착륙하여야 한다.

095 | 멀티콥터(드론) 비행 시 모터 중 한 두 개가 정지 하여 비행이 불가 시 가장 올바른 대처법을 고르면? `기출빈도 ★★★☆☆`

① 신속히 최고 안전지역에 수직 하강하여 착륙시킨다.

② 최초 이륙지점으로 이동시켜 착륙한다.

③ 상태를 기다려 본다.

④ 조종기술을 이용하여 최대한 호버링한다.

096 | 무인비행장치(드론)의 비상램프 점등 시 조치로 옳지 않은 설명은? `기출빈도 ★★★☆☆`

① GPS 에러 경고 - 비행자세 모드로 전환하여 즉시 비상착륙을 실시한다.

② lMU 센서 경고 - 자세모드로 전환하여 비상 착륙을 실시한다.

③ 통신 두절 경고 - 사전 설정된 RH 내용을 확인하고 그에 따라 대비한다.

④ 배터리 저전압 경고 - 비행을 중지하고 착륙하여 배터리를 교체한다.

> **해설** 전파 이상이 발생할 시에는 비행 모드를 변경(GPS모드 → 자세모드) 하여 전파 이상이 발생된 지역을 최대한 벗어나도록 한다.

THEMA 19 안전 이론

(1) 인적 요인(Human Factors)과 인적 오류(human error)

① 인적 요인(Human Factors) : 안전, 효율성 그리고 편리한 사용을 위해서 인간의 능력과 한계에 관한 지식을 생산품, 도구, 기계, 직무, 조직 그리고 시스템을 설계 및 운용하는 데 사용하는 것

② 인적 오류(human error) : 어떤 기계 시스템 등에 의해 기대되는 기능을 발휘하지 못하고 부적절하게 안전성, 효율성, 성과 등을 감소시키는 인간의 결정이나 행동

(2) 안전 관련 적용 이론

① 하인리히 법칙(Heinrich's Law) : 대형사고가 발생하기 전에 그와 관련된 수많은 경미한 사고와 징후들이 반드시 존재한다는 것을 밝힌 법칙

② 스위스 치즈 이론(Swiss Cheese Model) : 대형사고는 사고가 일어날 수 있는 모든 조건들이 우연하게 한날 한시에 겹치면서 일어나게 된다는 이론

③ 도미노 이론(Domino Theory) : 안전 및 위험 요소에 대입해 보면 하나의 위험 및 불안 요소가 점점 더 큰 부정적 결과와 대형사고를 불러일으킨다는 이론

(3) 재해예방 4원칙

① 손실우연의 원칙 : 사고로 인한 손실(상해)의 종류 및 정도는 우연적이다.

② 원인계기의 원칙 : 사고는 여러 가지 원인이 연속적으로 연계되어 일어난다.

③ 예방가능의 원칙 : 사고는 예방이 가능하다.

④ 대책선정의 원칙 : 사고 예방을 위한 안전대책이 선정되고 적용되어야 한다.

(4) 직원들의 스트레스 해소 방안

정기적 신체검사, 적성에 맞는 직무 재배치, 신문고 제도 도입, 정기 워크샵 등

---

answer 093 ① 094 ④ 095 ① 096 ①

097 큰 사고는 우연히 또는 어느 순간 갑작스럽게 발생하는 것이 아니라 그 이전에 반드시 경미한 사고들이 반복되는 과정 속에서 발생한다는 것을 설명한 법칙은 무엇인가?

① 하인리히 법칙　　　　　　② 뒤베르제의 법칙　　　기출빈도 ★☆☆☆☆

③ 케빈베이컨의 법칙　　　　④ 베버의 법칙

098 다음 중 안전사고와 관련된 법칙이 아닌 것을 고르면?　　기출빈도 ★☆☆☆☆

① 도미노 이론(Domino Theory)

② 스위스 치즈 이론(Swiss Cheese Model)

③ 하인리히 법칙(Heinrich's Law)

④ 기대효용이론(Expected Utility Theory)

099 다음 중 직원들의 스트레스 해소 방안으로 옳지 않은 것은?　　기출빈도 ★☆☆☆☆

① 정기적 신체검사　　　　　② 직무평가 도입

③ 적성에 맞는 직무 재배치　④ 정기 워크샵

THEMA 20　비행 교육

(1) 조종자의 기본적 특성

① 생리적 요소 : 영양, 건강, 운동, 공복, 구갈(갈증), 불면, 피로, 시차 등

② 신체 요소 : 신장, 체중, 연령, 시력, 청력, 지구력 등

③ 심리적 요소 : 지각, 정보처리, 경험, 태도, 정서, 인지, 주의, 성격 등

④ 개인 환경요소 : 정신적 압박, 불화, 가족 문제 등

(2) 조종자로서 갖추어야할 소양

정보처리 능력, 빠른 상황판단 능력, 정신적 안정성과 성숙도, 안전한 비행을 위한 안전조치, 비행에 관련한 법규 숙지

(3) 비행 교관의 기본 자질

성의, 교육생에 대한 수용 자세, 태도, 외모 및 습관, 알맞은 언어, 화술 능력, 안전의식, 폭넓은 전문지식

(4) 지도 방식

① 비행 교육 요령 : 동기 유발, 계속적인 교시, 교육생에 대한 개별적 접근, 적절한 칭찬, 올바른 강평, 인내, 비행 교시 과오 인정

② 심리 지도 기법 : 설득 유도, 분발 격려, 질책, 성취 욕구의 자극

③ 학습 지원 방법 : 학생에게 맞는 교수법 적용, 정확한 표준 조작 요구, 긍정적인 면의 강조

(5) 논평(Criticize)

효과적으로 실시할 경우 이미 교육한 내용을 통해 얻을 지식을 더욱 확실하게 이해할 수 있어 교육성과 증대

---

100 초경량비행장치 조종자의 기본적 특성을 요소별로 분류했을 때 범위가 다른 하나를 고르면? 기출빈도 ★☆☆☆☆

① 지 식 　　　　　② 태 도

③ 주 의 　　　　　④ 영 양

---

101 비행 교관의 기본 자질로 옳지 않은 것을 고르면? 기출빈도 ★★☆☆☆

① 교육생에 대한 수용 자세 : 교육생의 잘못된 습관이나 조작, 문제점을 지적하기 전에 그 교육생의 특성을 먼저 파악해야한다.

② 외모 및 습관 : 교관으로서 청결하고 단정한 외모와 침착하고 정상적인 비행 조작을 해야 한다.

③ 전문적 언어 : 전문적인 언어를 많이 사용하여 교육생들의 신뢰를 얻어야 한다.

④ 화술 능력 구비 : 교관으로서 학과과목이나 조종을 교육시킬 때 적절하고 융통성 있는 화술 능력을 구비해야 한다.

---

102 비행교관의 심리적 지도 기법에 대한 설명으로 틀린 내용은?

① 경쟁 심리를 자극하지 않고 잠재적 장점을 표출한다.

② 노련한 심리학자가 되어 학생의 근심, 불안, 긴장 등을 해소한다.

③ 교관의 입장에서 인간적으로 접근하여 대화를 통해 해결책을 강구한다.

④ 잘못에 대한 질책은 여러 번 반복한다.

103 다음 비행 교육의 특성과 교육요령에 대한 설명으로 틀린 것은?

① 개별적 접근 : 일대일 교육으로 교관과의 인간관계 원활할 때 효과 증대

② 비행 교시 과오 인정 : 교관의 잘못된 교시는 과감하게 시인

③ 건설적인 강평 : 잘못된 조작을 과도하고 충분한 시범으로 예시 제공

④ 동기 유발 : 스스로 하고자 하는 동기 부여

104 다음 비행 교수법에 대한 설명으로 가장 옳은 것은?

① 멀티콥터는 원리가 간단하여 교육 중 원리적인 부분을 설영할 필요는 없다.

② 교관은 자신만의 비행방식을 전수하여 비행기량을 향상시킨다.

③ 비행교수법은 일반 타 교육과 유사하여 동일한 교수법을 적용한다.

④ 비행교육은 1 : 1 교육으로 필요한 기량을 반드시 숙달하도록 해야 한다.

105 조종자 교육 시 서로 논평(Criticize)을 실시하는 목적은?

① 주변의 타 학생들에게 경각심을 주기 위함

② 지도조종자의 품위 유지를 위함

③ 잘못을 직접적으로 질책하기 위함

④ 문제점을 발굴하여 발전을 도모하기 위함

CHAPTER 04

항공 역학(비행 원리)

CHAPTER 04 항공 역학(비행 원리)

THEMA 21 멀티콥터(드론)에 작용하는 4가지의 힘 개요

(1) 무인항공기(드론)에 작용하는 힘

① 4가지 힘 : 양력, 중력, 추력, 항력을 말하는 것으로, 4가지 힘이 어떻게 균형이나 또는 불균형을 이루느냐에 따라 무인항공기(드론)의 비행형태가 달라짐

② 4가지 힘의 크기순 나열 : 양력 > 중력 > 추력 > 항력

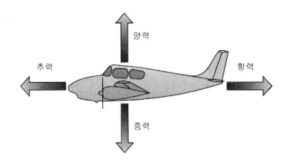

(2) 4가지 힘의 종류(★)

① 양력 : 무인항공기(드론)의 날개가 공기 중을 날 때 발생하는 힘으로, 위쪽으로 작용

② 중력 : 무인항공기(드론)의 아래쪽으로 작용하는 힘으로 연료가 소모되는 것을 제외하면 실제 중력은 비행 중 거의 변하지 않음

③ 추력 : 무인항공기(드론)의 엔진 프로펠러에 의해 발생되는 힘으로, 앞쪽으로 작용

④ 항력 : 무인항공기(드론)를 뒤로 잡아당기는 힘으로, 대기를 뚫고 지나는 움직임에 대해 대기 속 분자들이 저항하는 것

106 │ 다음 중 멀티콥터(드론)에 작용하는 4가지 힘은? 〔기출빈도 ★★★☆〕

① 추력(Thrust), 양력(Lift), 항력(Drag), 중력(Weight)

② 추력(Thrust), 양력(Lift), 항력(Drag), 비틀림력(Torque)

③ 추력(Thrust), 모멘트(Moment), 항력(Drag), 중력(Weight)

④ 비틀림력(Torque), 양력(Lift), 항력(Drag), 중력(Weight)

〔해설〕 비행기가 지표면을 떠나 공중을 날게 되는 일련의 운동을 할 때 비행기에 힘이 작용한다. 드론에서 작용하는 주요한 힘은 양력, 중력, 추력, 중력이다.

107 │ 멀티콥터(드론)에 작용하는 4가지 힘의 종류로 틀린 것은? 〔기출빈도 ★★★☆〕

① 항력   ② 추력

③ 전단력   ④ 중력

108 │ 초경량비행장치에 작용하는 힘에 대한 설명 중 옳지 않은 것은? 〔기출빈도 ★★☆☆〕

① 양력의 크기는 속도의 제곱에 비례한다.

② 항력은 비행기의 받음각에 따라 변한다.

③ 추력은 비행기의 받음각에 따라 변하지 않는다.

④ 중력은 속도에 비례한다.

〔해설〕 중력은 소형무인기가 받는 힘이며, 그 방향은 지구중심을 향하고 있다.

〔THEMA 22〕 **멀티콥터(드론)에 작용하는 양력과 중력**

(1) 양력(Lift)

① 양력(lift)은 비행 방향의 수직 방향으로 발생되는 힘이다.

② 무인항공기(드론)의 날개(에어포일)가 공기 중을 통과하면서 발생되는 힘이다.

③ 무인항공기(드론)가 하늘에 떠 있을 수 있는 것은 바로 이 양력 때문이다.

④ 양력은 무인항공기(드론) 비행경로(상대풍)에 대해 수직으로 작용하고 양력의 중심위치는 받음각의 크기에 따라 변한다.

⑤ 수평 비행에서 양력과 중력은 반대방향으로 작용한다.

〔answer〕 106 ① 107 ③ 108 ④

(2) 중량(무게, Weight) 즉 중력

① 중력은 중력에 의해 항공기를 아래로 끌어당기는 힘으로 무인항공기(드론)가 받는 힘이다.

② 양력과 반대로 작용하며, 항공기 무게중심(Center of Gravity, CG)을 통하여 지구중심을 향해 작용한다.

109 | 항공기에 작용하는 힘 중 양력에 대한 설명으로 옳은 것은?　　　기출빈도 ★★☆☆☆

① 양력이란 합력 상대풍에 수평으로 작용하는 항공역학적인 힘이다.

② 비행기의 날개 윗면의 압력보다 날개 아랫면의 압력이 더 작기 때문에 생긴다.

③ 피치적용에 의해 나타나는 양력계수와 항공기 속도는 조종사가 변화시킬 수 있다.

④ 양력의 양은 조종사가 모두 조절할 수 있다.

해설　양력의 양 중 조종사가 조절할 수 있는 것은 양력계수와 항공기속도이며, 나머지는 조절할 수 없는 것이다.

110 | 수평 직진비행을 하다가 상승비행으로 전환 시 받음각(영각)이 증가할 경우 양력의 변화는?　　　기출빈도 ★★☆☆☆

① 순간적으로 감소한다.　　　② 순간적으로 증가한다.

③ 변화가 없다.　　　　　　　④ 지속적으로 감소한다.

해설　수평 직진비행 상태에서 상승비행으로 전환 시 받음각을 증가시켜 양력을 증가시킨다.

THEMA
23 | **멀티콥터(드론)에 작용하는 추력과 항력**

(1) 추력(Thrust)

① 공기 중에서 무인항공기(드론)를 앞으로 전진시키는 힘이다.

② 고정익 무인항공기(드론)의 경우 뉴튼의 제3법칙인 작용과 반작용의 법칙에 의해 엔진에 의해 추력이 발생된다.

③ 회전익 무인항공기(드론)는 엔진에 의해 메인로터가 회전하게 되고, 회전하는 메인로터에 경사를 주어 추력을 발생하게 한다.

④ 대부분의 경우 마력이 높을수록 큰 추력이 생성되어 일정 수준까지는 비행기가 더 빨리 날 수 있다.

⑤ 항력과 반대방향으로 작용하며 일반적으로 항공기의 세로축과 평행하게 작용한다.

(2) 항력(Drag)

① 항력은 무인항공기(드론)를 뒤로 잡아당기는 힘으로, 대기를 뚫고 지나는 움직임에 대해 대기 속 분자들이 저항하는 것이다.

② 추력에 반대방향으로 작용하는 힘, 또는 무인항공기(드론)의 공중 진행을 더디게 하는 힘이라고 할 수 있다.

③ 날개와 회전날개, 그리고 동체나 다른 돌출된 부분은 공기흐름에 대한 저항을 발생시키고, 힘(저항)은 뒤로 향하여 무인항공기(드론)의 전진을 방해하는 힘이 된다.

④ 항력은 공기의 밀도, 기온, 습도 등에 따라 그 힘의 크기가 달라지고, 상대풍(Relative Wind)과 평행하게 작용한다.

⑤ 무인항공기(드론)의 속도가 증가함에 따라 항력도 증가한다.

⑥ 무인항공기(드론)가 가속할 수 있는 것은 추력 때문이지만, 최종 속도를 결정하는 것은 항력이다.

---

111 | 다음 중 항력과 속도와의 관계 설명으로 옳지 않은 것은?　　기출빈도 ★★☆☆☆

① 항력은 속도 제곱에 반비례한다.

② 유도항력은 하강풍인 유도기류에 의해 발생하므로 저속과 제자리 비행 시 가장 크며, 속도가 증가할수록 감소한다.

③ 유해항력은 거의 모든 항력을 포함하고 있어 저속 시 작고, 고속 시 크다.

④ 형상항력은 블레이드가 회전할 때 발생하는 마찰성 저항이므로 속도가 증가하면 점차 증가한다.

해설 ▸ 항력은 속도방향과 같은 방향으로 작용하며, 속도 제곱에 비례한다.

answer 109 ③　110 ②　111 ①

112 | 날개나 기체표면을 통과하는 공기의 흐름을 가능한 한 순조롭게 흐르게 하는 이유는?

① 압력항력을 줄이기 위하여

기출빈도 ★★

② 마찰항력을 줄이기 위하여

③ 조파항력을 줄이기 위하여

④ 유도항력을 줄이기 위하여

해설 항공기의 동체를 유선형으로 만드는 가장 큰 이유는 날개 기체표면을 통과하는 고속 공기흐름에서 마찰항력을 줄이기 위해서이다.

THEMA 24 | 비행 형태

(1) 비행 형태 개요

① 무인항공기(드론)이 하강할 때와 상승할 때는 일부 힘의 방향이 달라진다.

② 무인항공기(드론)에서 작용하는 주요한 힘이 어떻게 균형이나 또는 불균형을 이루느냐에 따라 무인항공기(드론)의 비행형태가 다르다.

(2) 비행 형태 종류

① 가속도 비행 : 추력 > 항력　　② 등속도 비행 : 추력 = 항력

③ 감속도 비행 : 추력 < 항력　　④ 양력 > 중력 : 상승 비행

⑤ 양력 = 중력 : 수평 비행　　⑥ 양력 < 중력 : 하강 비행

---

113 | 고정익 소형무인기에 작용하는 4가지의 힘이 균형을 이룰 경우의 상황을 고르면?

① 가속중일 때　　　　② 상승을 시작할 때

기출빈도 ★★★

③ 등속도 비행 시　　　④ 지상에 정지 상태에 있을 때

해설 고정익 소형무인기의 직진수평비행을 유지하기 위해서는 기체에 작용하는 양력, 중력, 추력, 항력의 4가지 힘이 균형을 이룰 때 등속도로 비행하게 된다.

114 고정익 소형무인기가 일정고도에서 등속수평비행을 하고 있을 경우의 조건을 고르면?

① 양력=항력, 추력>중력   ② 양력=중력, 추력=항력   기출빈도 ★★

③ 추력>항력, 양력>중력   ④ 추력=항력, 양력<중력

해설 수직성분인 양력과 중력이 같고, 수평성분인 추력과 항력이 같으면 등속수평비행을 한다.

115 다음 중 무인 회전익비행장치의 전진 비행 시 힘의 형식에 맞는 것은?

① 항력 < 양력   ② 무게 < 양력   기출빈도 ★★

③ 항력 < 추력   ④ 수직추력 > 항력

해설 비행 형태
- **수직성분** : 양력과 중력은 고도의 변화 즉 양력이 많으면 상승, 적으면 하강, 같으면 수평
- **수평성분** : 추력과 항력은 속도의 변화 즉 추력이 많으면 가속도, 적으면 감속도, 같으면 등속도

116 무인 회전익비행장치가 고정익형 무인비행장치와 가장 구별되는 비행형태는?

① 우 선회비행   ② 정지 비행   기출빈도 ★★

③ 좌 선회비행   ④ 전진 비행

해설 고정익 무인비행장치와 구별되는 회전익의 비행장치의 장점은 수직 이착륙과 정지 비행(호버링)이 가능하다는 점이다.

117 비행장치에 작용하는 힘의 방향(양력, 항력, 중력, 추력)과 속도와의 관계 설명으로 옳지 않은 것은?

   기출빈도 ★★

① 추력은 받음각과 상관없다.

② 항력은 속도의 제곱에 비례한다.

③ 중력은 속도에 비례한다.

④ 양력은 받음각이 증가하면 증가한다.

해설 중력은 항공기의 모든 부분을 지구 중심으로 끌어 당기는 힘으로 속도에 반비례한다.

118 | 상승 가속도 비행을 하고 있는 고정익 소형무인기에 작용하는 힘의 크기를 옳게 나타낸 것은? 기출빈도 ★★☆☆☆

① 양력< 중력, 추력 >항력　　② 양력 >중력, 추력< 항력

③ 양력 >중력, 추력 >항력　　④ 양력< 중력, 추력< 항력

해설 **가속도 비행** : 추력 > 항력
상승 비행 : 비행양력 > 중력

THEMA 25 항력의 종류

(1) 유해항력(Parasite Drag)

① 항공기에 발생하는 기본적인 항력으로 항공기 주변 공기의 흐름, 난기류, 또는 항공기 에어포일 등 항공기 형상으로 인해 공기의 흐름을 방해함으로써 발생하는 항력이다.

② 유해항력의 종류

　㉠ 형상항력(Form Drag) : 항공기 동체와 그 주위를 지나가는 공기의 흐름으로 인해 생겨나는 항력

　㉡ 간섭항력(Interference Drag) : 소용돌이, 난기류, 부드러운 공기흐름이 교차되면서 발생

　㉢ 표면 마찰항력(Skin friction Drag) : 공기가 항공기 표면을 지나갈 때 순수한 마찰력(마찰 전단 응력)에 의해 발생되는 공기역학적 저항

(2) 유도항력(Induced Drag)

① 유한한 가로 세로비를 갖는 양력면의 날개 뒷전 와류계(trailing edge vortex system)에 의해 발생하는 항력이다.

② 날개에서 발생하는 양력에 의해 불가피하게 발생하는 항력이다.

(3) 전체항력(total drag) : 유도항력과 유해항력의 합력이다.

119 프로펠러에 의한 공기의 하향흐름에 의해 발생한 양력 때문에 생긴 항력의 종류는?

① 형상 항력 　　　　　　　　② 유도 항력 　　`기출빈도 ★★`
③ 마찰 항력 　　　　　　　　④ 조파 항력

> **해설** 유도 항력 : 양력이 발생함에 따른 하향 흐름에 의해 멀티콥터에 발생하는 항력을 말한다. 공기의 압축성에 의해 충격파가 발생하며, 이에 따라 조파 저항이 발생한다.

120 회전익 항공기 또는 비행장치 등 회전익에만 발생하며 블레이드가 회전할 때 공기와 마찰하면서 발생하는 항력을 고르면? 　　`기출빈도 ★★`

① 유도항력 　　　　　　　　② 총항력
③ 형상항력 　　　　　　　　④ 유해항력

> **해설** 형상항력(Foam Drag) : 항공기 동체와 그 주위를 지나가는 공기의 흐름으로 인해 생겨나는 항력이다.

121 다음 중 저속으로 비행하는 비행체에 흐르는 공기를 비압축성 흐름이라고 가정할 때 흐름의 떨어짐(박리)이 주원인이 되는 항력은? 　　`기출빈도 ★★`

① 압력 항력 　　　　　　　　② 유도 항력
③ 마찰 항력 　　　　　　　　④ 조파 항력

> **해설** 마찰 항력은 공기가 항공기 표면을 지나갈 때 발생하는 공기역학적 저항이다. 공기의 점성 때문에 생기는 항력이다.

122 마찰 항력에 대한 설명으로 가장 옳은 것을 고르면? 　　`기출빈도 ★★`

① 공기와의 마찰에 의하여 발생하며 점성의 크기와 표면의 매끄러운 정도에 따라 영향을 받는다.
② 날개와는 관계없이 동체에서만 발생을 한다.
③ 공기의 점성의 경계층에서 생기는 소용돌이에 영향을 받고 날개의 단면과 받음각 모양에 따라 다르다.
④ 날개 끝 소용돌이에 의해 발생하며 날개의 가로세로비에 따라 변한다.

> **해설** 마찰 항력은 표면의 순수한 마찰력(마찰 전단 응력)에 의해 발생되는 항력이다.

토크(torque) 작용/전이성향(Translating Tendency)

(1) 토크(torque) 작용

① 토크(torque) 현상 : 엔진에서 발생한 회전력이 프로펠러에 전달되어 회전하면서 프로펠러를 돌리는 힘에 의해 그 반작용으로 동체가 프로펠러의 반대 방향으로 돌아가려는 힘

② 토크의 반작용(torque reaction) : 뉴턴의 제3법칙에 기인하는 것으로 오른쪽으로 회전하는 프로펠러는 회전의 결과 왼쪽으로 반작용 힘이 생겨 항공기 기수를 왼쪽으로 틀어지게 만드는 것

(2) 전이 성향

토크작용과 토크작용을 상쇄하는 꼬리날개의 추진력이 복합되어 단일 회전익 계통의 헬리콥터가 제자리 비행 중 우측으로 편류하려는 현상

(3) 회전 운동의 세차

회전하는 물체에 힘을 가했을 때 힘을 가한 곳으로 부터 그 힘이 90도 지난 지점에서 뚜렷해지는 현상

123 │ **멀티콥터(드론)의 기본 비행이론에 대한 설명으로 옳지 않은 것은?** ▮기출빈도 ★★☆☆☆▮

① 모터의 회전속도가 다르면, 기체가 기울어지면서 방향이동을 한다.
② 헬리콥터처럼 꼬리날개가 필요 없다.
③ 고속으로 회전하는 모터와 같은 방향으로 회전한다.
④ 멀티콥터는 수직 이륙 및 호버링이 가능하다.

해설 모터가 고속으로 회전하면 그 반작용으로 기체와 모터가 반대방향으로 돌려고 하는 힘(토크)이 발생한다.

124 회전익비행장치가 제자리 비행 상태에서 전진비행으로 바뀌는 과도적인 상태는?

① 지면 효과   ② 전이 비행   기출빈도 ★★

③ 자동 회전   ④ 횡단류 효과

> **해설** 전이비행은 제자리 비행에서 전진비행으로 전환 시 로터 회전면에 유입되는 기류에 의해 로터효율이 증대되어 무인헬리콥터가 이륙을 하게 되는 과도적인 것을 말한다.

125 운동하는 방향이 바뀌거나 다른 방향으로 옮겨지는 현상으로 토크작용과 토크작용을 상쇄하는 꼬리날개의 추진력이 복합되어 기체가 우측으로 편류하려고 하는 현상은?

① 전이 성향   ② 횡단류 효과   기출빈도 ★★

③ 지면 효과   ④ 전이 비행

> **해설** 전이성향은 운동하는 방향이 바뀌거나 다른 방향으로 옮겨지는 현상을 의미한다. 단일 회전익 계통의 헬리콥터가 제자리 비행 중 우측으로 편류하려는 현상을 말한다.

THEMA 27 항공기의 안정성(stability)

(1) 안정성(stability)

① 평형이 깨져 무게중심에 대한 힘과 모멘트가 0에서 벗어났을 때 무인항공기(드론) 스스로가 다시 평형이 되는 방향으로 운동이 일어나는 경향

② 무인항공기(드론)가 일정한 비행 상태를 유지하기 위해서는 안정성이 좋아야 하며, 돌풍 등의 외부 영향에 의한 불안정한 상태로부터 회복 가능

(2) 세로 안정성(longitudinal stability, 수평 안정성, 피치 안정성)

① 날개의 양력과 꼬리 날개의 힘이 무게 중심을 기준으로 균형을 이루어 수형 안정성을 갖도록 하는 것

② 세로 안정성은 항공기 무게중심에 대한 피칭 모멘트에 의해서 결정

answer 123 ③   124 ②   125 ①

(3) 가로 안정성(lateral stability)

① 항공기에 날개를 장착할 때 날개를 수형으로 하지 않고 약간 기울여 놓은 것

② 항공기 가로 안정성은 세로축(longitudinal axis)을 중심으로 한 좌우 안정, 즉 roll 안정성이라 한다.

(4) 방향 안정성(directional stability)

비행기의 기수가 진행하는 방향에서 갑자기 왼쪽이나 오른쪽으로 틀어졌을 경우 수직 안정판이 발생시키는 복원력

(5) 역편요(adverse yaw)

선회를 위해 에일러론을 조작했을 때 비행기의 기수가 비행하려는 반대 방향으로 향하도록 요잉(yawing) 모멘트가 작용하는 현상

---

126 비행기의 기수가 갑자기 진행방향에 대해 좌우로 틀어졌을 경우 안정성을 확보해주는 것을 고르면? `기출빈도 ★★`

① 수직 안정판(Vertical Stabilizer) ② 엘리베이터(Elevator)
③ 에일러론(Aileron)　　　　　　　　④ 수평 안전판(Horizontal Stabilizer)

`해설` 수직 꼬리 날개는 방향 운동에 대한 안정성, 즉 요 운동(yawing)에 대한 항공기의 안정성을 유지하기 위해 설치된 날개이므로 수직 안정판이라고도 한다.

---

127 다음 중 무인항공기의 안정성과 조종성에 대한 설명으로 옳지 않은 것은? `기출빈도 ★★`

① 안정성과 조종성이 적정수준을 이루도록 설계요소의 판단이 요구된다.
② 안정성은 외력에 의해 교란이 생겼을 때 이를 극복하고 원래의 평형상태로 돌아오려는 성질이다.
③ 대체적으로 조종성이 높아질수록 안정성도 높아진다.
④ 조종성은 평형상태에서 원하는 고도, 속도 등의 변화를 주는 조작과 관련된 성질이다.

`해설` 보통 안정성과 조종성은 서로 상반되는 성질을 나타내기 때문에 항공기 설계 시 이점을 고려하여 안정성과 조종성을 적당히 조화시켜야 한다.

128 다음 중 역편요(adverse yaw)에 대한 설명으로 옳지 않은 것은? 기출빈도 ★★☆☆☆

① 비행기가 오른쪽으로 경사하여 선회하는 경우 비행기의 기수가 왼쪽으로 yaw하려는 운동을 말한다.

② 비행기가 선회하는 경우, 보조익을 조작해서 경사하게 되면 선회 방향과 반대방향으로 yaw 하는 것을 말한다.

③ 비행기가 선회하는 경우, 옆 미끄럼이 생기면, 옆 미끄럼한 방향으로 롤링하는 것을 말한다.

④ 비행기가 보조익을 조작하지 않더라도 어떤 원인에 의해서 rolling 운동을 시작하며 (단, 실속(stall)이하에서) 올라간 날개의 방향으로 yaw 하는 특성을 말한다.

> **해설** 역편요(adverse yaw) : 선회를 위해 에일러론을 조작했을 때 비행기의 기수가 비행하려는 반대 방향으로 향하도록 요잉(yawing) 모멘트가 작용하는 현상

THEMA 28 물리량(벡터와 스칼라양)

(1) 벡터와 스칼라양

① 벡터 물리량 : 크기와 동시에 방향을 갖는 물리량으로 속도, 가속도, 중량, 양력 및 항력 등

② 스칼라 물리량 : 수치값으로 표시할 수 있는 물리량으로 면적, 부피, 시간, 질량, 넓이, 온도 등

(2) 동력의 단위

킬로와트(kW), 마력(1PS=75kg·m/s)

129 다음 물리량 중 벡터량이 아닌 것을 고르면? 기출빈도 ★☆☆☆☆

① 속도   ② 면적

③ 양력   ④ 가속도

answer   126 ②   127 ③   128 ③   129 ②

130 | 다음 물리량 중 벡터량이 아닌 것을 고르면?　　　　　　　　　　기출빈도 ★☆☆☆☆

① 가속도　　　　　　　　　　② 속도

③ 양력　　　　　　　　　　　④ 질량

131 | 다음 중 1마력은 몇 kg인가를 고르면?　　　　　　　　　　기출빈도 ★☆☆☆☆

① 30kg　　　　　　　　　　② 50kg

③ 75kg　　　　　　　　　　④ 90kg

THEMA 29 베르누이 법칙(Bernoulli equation)

(1) 베르누이 정리

① 움직이는 유체(액체 혹은 가스)의 속도가 증가하면, 유체의 압력은 감소한다는 것을 증명

② 압력 에너지(유동 에너지)와 운동 에너지 및 위치 에너지의 합은 항상 일정하다는 것

③ 정압과 동압

　㉠ $P + \frac{1}{2}\rho V^2 = C$ [P=정압, $\frac{1}{2}\rho V^2$=동압, ρ=유체의 속력)

　㉡ 정압과 동압의 합이 일정하다.

　㉢ 동압과 정압의 합은 항상 일정하므로 동압이 높아지면 정압은 낮아지고, 동압이 낮아지면 정압은 높아지는 상관관계가 있다.

(2) 연속 방정식

① 유체가 굵기가 변하는 관을 통과할 때, 유체의 흐름에서 단면적과 속력이 반비례함을 의미하는 방정식

② 연속의 법칙 : 유관을 통과하는 완전유체의 유입량과 유출량은 항상 일정하다는 법칙

(3) 양력 발생 원리

① 압력은 높은 곳에서 낮은 곳으로 이동하기 때문에 풍판 하부에서 상부방향으로 힘이 작용하게 되고 이는 항공기를 부양시키는 양력으로 작용한다.

② 두 풍선 사이에 공기를 빠르게 통과시키면 풍선 사이는 동압은 높아지나 정압은 낮아지게 되고 상대적으로 양쪽 풍선 지역은 높아지게 되어 풍선은 자연스럽게 가운데로 모이게 된다.

③ 정압은 높은 곳에서 낮은 곳으로 이동하며 이는 소형무인기의 양력 발생 원리가 되는 것이다.

132 다음 중 베르누이 정리에 대한 설명으로 옳은 것을 고르면? 기출빈도 ★★★★

① 정상 흐름에서 정압과 동압의 합은 일정하지 않다.
② 유체의 속도가 증가하면 정압이 감소한다.
③ 위치 에너지의 변화에 의한 압력이 통합이다.
④ 베르누이 정리는 밀도와 무관하다.

해설 유체가 빠르게 통과하면 동압은 높아지나 정압은 낮아진다.

133 유관을 통과하는 완전유체의 유입량과 유출량은 항상 일정하다는 법칙을 고르면?

① 작용·반작용의 법칙 ② 가속도의 법칙 기출빈도 ★★
③ 관성의 법칙 ④ 연속의 법칙

해설 '관속을 가득 차게 흐르고 있는 정상류에서는 모든 단면을 통과하는 중량 유량은 일정하다' 라고 하는 법칙이다.

134 동압과 정압에 대한 내용으로 틀린 것을 고르면? 기출빈도 ★★★

① 동압의 크기는 유체의 밀도에 반비례한다.
② 동압과 정압의 차이로 비행속도를 측정할 수 있다.
③ 동압과 정압의 합은 일정하다.
④ 동압의 크기는 속도의 제곱에 비례한다.

해설 베르누이 법칙은 각 위치 점에 있어서 정압과 동압의 합은 항상 일정하다는 것이다.

135 │ 다음 중 항공기 날개의 상·하부를 흐르는 공기의 압력차에 의해 발생하는 압력의 원리는? 기출빈도 ★★★★☆

① 관성의 법칙 　　　　　　② 작용-반작용의 법칙
③ 베르누이의 정리 　　　　④ 가속도의 법칙

───────────────────────────

해설 항공기는 이륙할 때 날개 상·하부로 흐르는 공기의 압력차에 의해 양력을 발생하는데 베르누이의 정리로 압력 차이를 설명하고 있다.

136 │ 공기흐름 방향에 관계없이 모든 방향으로 작용하는 압력을 고르면? 기출빈도 ★★☆☆☆

① 정압
② 벤츄리 압력
③ 동압
④ 속도는 동압 더하기 정압에서 전압을 뺀 것이다.

───────────────────────────

해설 유체가 갖고 있는 압력은 정압(static pressure)과 동압(dynamic pressure)으로 구분할 수 있다. 유체 자체가 갖고 있는 힘은 정압으로 방향에 관계없이 일정하게 압력이 작용한다.

THEMA 30　뉴튼의 운동의 법칙

(1) 제 1법칙(관성의 법칙)

모든 물체의 질량중심은 그 상태를 바꿀만한 힘이 강제로 주어지지 않는 한 정지 상태를 유지하거나 일정한 운동을 하여 진행 방향으로 계속 움직이는 상태를 유지하려는 성질로서 이는 어떤 외부의 힘이 가해질 때까지 움직임을 멈추거나 시작하지 않는 것을 의미한다.

(2) 제 2법칙(가속도의 법칙)

움직이는 물체에 같은 방향으로 힘이 작용하면 그 힘만큼 가속도가 생긴다. 가속도는 작용하는 힘의 크기에 비례하고 물체의 질량에 반비례한다(헬리콥터가 제자리 비행에서 전진 비행으로 전환되어 속도가 증가하면 이륙하게 되는 과정).

(3) 제 3법칙(작용 · 반작용의 법칙)

모든 운동에는 힘의 크기가 같고 방향이 반대인 작용과 반작용력이 있는 데 반작용력은 작용하는 힘에 비례하고 시간에 반비례한다(멀티콥터의 로터가 회전 시 암이 회전하는 반대 방향으로 작용하는 것).

137 헬리콥터나 멀티콥터가 제자리 비행을 하다가 전진비행을 계속하면 속도가 증가되어 이륙하게 되는데 이것은 뉴턴의 운동법칙 중 무슨 법칙인가? **기출빈도 ★★☆☆☆**

① 가속도의 법칙　　　　　　② 관성의 법칙
③ 작용반작용의 법칙　　　　④ 등가속도의 법칙

138 헬리콥터나 멀티콥터가 제자리 비행을 하다가 이동시키면 계속 정지상태를 유지하려는 것은 뉴턴의 운동법칙 중 무슨 법칙인가? **기출빈도 ★★☆☆☆**

① 가속도의 법칙　　　　　　② 관성의 법칙
③ 등가속도의 법칙　　　　　④ 작용반작용의 법칙

해설 정지하고 있는 헬리콥터나 드론을 이동시키면 계속 정지하려는 성질은 제1 법칙(관성의 법칙) 중 정지관성이다.

139 다음 중 프로펠러 날개에서 일어나는 토크현상과 관련된 뉴턴의 법칙은? **기출빈도 ★★☆☆☆**

① 작용·반작용의 법칙　　　　② 유체의 법칙
③ 힘과 가속도의 법칙　　　　④ 관성의 법칙

해설 뉴턴의 제3법칙 작용과 반작용 법칙을 적용하여 무인헬리콥터를 살펴보았을 때 메인 로터는 시계 반대방향으로 회전하고, 이에 대한 반작용으로 무인 헬리콥터 동체는 시계방향으로 회전하려는 성질이 있는데 이를 토크작용이라고 한다.

실속(stall)/스핀(spin)

(1) 실속(stall)

① 실속이란 항공기가 공기의 저항에 부딪쳐 양력을 상실하는 현상이다.

② 항공기 날개는 상대풍과의 적절한 각을 형성하였을 때 양력을 발생시킬 수 있지만, 만약 항공기 날개와 상대풍의 각이 거의 수직을 이루고 있다면 받음각은 최대가 되나 공기의 저항이 최대가 되어 양력을 발생하지 못하여 항공기는 속도를 상실하게 된다.

③ 날개의 윗면을 흐르는 공기가 표면으로부터 박리되어 일어나는 현상으로 그 결과 급속하게 양력이 줄게 되고 항력이 증가하게 된다.

(2) 실속의 원인

① 모든 실속의 직접적인 원인은 과도한 받음각(excessive angle of attack)에 있다.

② 받음각의 증가를 초래할 수 있는 많은 비행 조작이 있으나, 받음각이 과도하게 증가되지 않는 한 실속은 발생하지 않는다.

(3) 스핀(spin) 현상

① 비행기의 자동 회전(auto rotation)과 수직 강하가 조합된 비행으로 조종사에게 치명적일 수 있는 불안정한 비행 상태라고 볼 수 있다.

② 스핀을 회복하려면 조종간을 반대로 밀어 받음각을 감소시켜 급강하로 들어가야만 스핀을 회복할 수 있다.

③ 스핀 회복 조작 중에 고도가 떨어지기 때문에 스핀 회복이 쉬운 비행기라고 할지라도 낮은 고도에서 스핀에 들어가게 되는 것은 위험하다.

140 다음 중 실속(stall)에 대한 설명으로 옳은 것은?   기출빈도 ★☆☆☆☆

① 대기속도계가 고장이 나서 속도를 알 수 없게 되는 것을 말한다.

② 땅 주위를 추행 중인 기체를 정지 시키는 것을 말한다.

③ 날개가 실속 받음각을 초과하여 양력을 잃는 것을 말한다.

④ 기체를 급속하게 감속시키는 것을 말한다.

해설 실속이란 항공기가 공기의 저항에 부딪쳐 추진력을 상실하는 현상이라 할 수 있다. 항공기 날개는 상대풍과의 적절한 각을 형성하였을 때 양력을 발생시킬 수 있지만, 만약 항공기 날개와 상대풍의 각이 거의 수직을 이루고 있다면 받음각은 최대가 되나 공기의 저항이 최대가 되어 양력을 발생하지 못한다.

THEMA 32 에어포일(airfoil, 풍판, 날개단면)

(1) 에어포일(airfoil, 풍판, 날개단면)

① 에어포일의 정의 : 대기 중의 공기의 흐름에 대하여 활용 가능한 반작용을 일으킬 수 있도록 고안된 구조물 또는 물체

② 비행기의 날개(wings), 헬리콥터의 회전판(blade), 프로펠러(propeller)등

(2) 에어포일 각 부분의 명칭

① 앞전 : 에어포일의 앞부분 끝

② 뒷전 : 에어포일의 뒷부분 끝

③ 시위 : 앞전과 뒷전을 연결하는 직선

④ 두께 : 시위선에서 수직선을 그었을 때 윗면과 아랫면 사이의 수직거리

⑤ 평균 캠버선 : 두께의 이등분점을 연결한 선

⑥ 캠버 : 시위선에서 평균 캠버선까지의 길이

(3) 에어포일의 형태

① 대칭형 에어포일 : 시위선(chord line)을 기준으로 캠버가 동일하게 고안된 에어포일로 저속 항공기 및 회전익 항공기에 적합하다.

② 비대칭형 에어포일 : 시위선(chord line)을 중심으로 윗면과 아랫면이 서로 다른 모양의 에어 포일로 주로 고정익 항공기에 사용되며 압력 중심의 위치가 받음각 변화에 따라 변하는 특성을 가진다.

answer 140 ③

141 대칭형 에어포일(Airfoil)에 대한 설명 중 틀린 것은?

① 상부와 하부표면이 대칭을 이두고 있으나 평균 캠버선과 익현선은 일치하지 않는다.

② 중력 중심 이동이 대체로 일정하게 유지되어 주로 저속 항공기에 적합하다.

③ 장점은 제작비용이 저렴하고 제작도 용이하다.

④ 단점은 비대칭형 Airfoil에 비해 양력이 적게 발생하여 실속이 발생할 수 있는 경우가 더 많다.

THEMA 33 날개의 특성 및 형태

(1) 테이퍼 날개

날개 끝의 시위가 날개 뿌리의 시위보다 작은 날개(대부분의 비행기)

(2) 직사각형 날개

날개의 평면 형상이 직사각형 모양(소형의 저렴한 항공기에 많이 사용)

(3) 타원 날개

타원 날개는 앞전과 뒷전이 곡선이고 전체적으로 타원형을 이룬다. 날개 길이 방향의 양력계수의 분포가 일정하고 유도항력이 최소인 특징이 있으나 실속 후 회복 성능이 불량하고 제작이 어려워 최근에는 거의 사용하지 않는다.

(4) 앞젖힘 날개

날개 전체가 날개 뿌리에서부터 날개 끝 까지 앞으로 젖혀진 날개로 날개의 효율이 높고 날개 끝 실속이 발생하지 않는 장점이 있다.

(5) 뒤젖힘 날개

날개 전체가 날개 뿌리에서부터 날개 끝 까지 뒤로 젖혀진 날개로 충격파의 발생을 지연시키고 고속 비행시의 저항을 감소시킬 수 있어 음속 가까운 속도로 비행하는 제트 여객기 등에 널리 사용된다.

(6) 삼각 날개

날개의 평면 모양이 삼각형인 날개로 뒤젖힘 날개 비행기 보다 더욱 빠른 속도로 비행하는 초음속기에 적합한 날개 모양이다.

142 | 다음 중 타원형 날개에 대한 설명으로 옳은 것은? `기출빈도 ★☆☆☆☆`

① 설계, 제작이 간단하다. ② 실속이 잘 일어난다.
③ 국부적 실속이 발생한다. ④ 유도항력이 최소이다.

THEMA 34 날개의 공력 특성(압력중심/공력중심/기류박리)

(1) 압력중심

에어포일 표면에 작용하는 분포된 압력(힘)이 한 점에 집중적으로 작용한다고 가정할 때 이 힘의 작용점으로서 받음각이 변화함에 따라서 위치가 변화한다.

(2) 공력중심

에어포일의 피칭 모멘트의 값이 받음각 변화하더라도 그 점에 관한 모멘트값이 거의 변화하지 않는 가상의 점(=공기력 중심)이다.

(3) 무게중심

중력에 의한 알짜 토크가 0인 점

(4) 기류박리(Air Flow Seperation)

① 표면에 흐르는 기류가 날개의 표면과 공기입자 간의 마찰력으로 인해 표면으로부터 떨어져 나가는 현상
② 공기속도가 감소되면서 정체구역이 형성
③ 경계층 밖의 기류는 정체점을 넘어서게 되고 양력이 파괴되고 항력이 급격히 증가

---

answer 141 ① 142 ④

143 다음 중 받음각이 변하더라도 모멘트의 계수 값이 변하지 않는 점은? 기출빈도 ★★★★★

① 공기력 중심   ② 압력 중심

③ 반력 중심   ④ 중력 중심

144 다음 보기에서 설명하는 용어는? 기출빈도 ★★★★★

> 날개골의 임의 지정에 중심을 잡고 받음각의 변화를 주면 기수를 들고 내리게 하
> 는 피칭 모멘토가 발생하는데 이 모멘토의 값이 받음각에 관계없이 일정한 지점
> 을 말함

① 압력중심(Center of Pressure)

② 공력중심(Aerodynamic Center)

③ 무게중심(Center of Gravity)

④ 평균공력시위(Mean Aerodynamic Chord)

145 날개의 공기흐름 중 기류 박리에 대한 설명으로 옳지 않은 것은? 기출빈도 ★★☆☆☆

① 경계층 밖의 기류는 정체점을 넘어서게 되고 경계층이 표면에 박리되
   게 된다.
② 날개 표면에 흐르는 기류가 날개의 표면과 공기입자 간의 마찰력으로 인해
   표면으로부터 떨어져 나가는 현상을 말한다.
③ 날개의 표면과 공기입자 간의 마찰력으로 공기 속도가 감소하여 정체구역
   이 형성된다.
④ 기류 박리는 양력과 항력을 급격히 증가시킨다.

해설 기류박리는 날개 표면에 흐르는 기류가 공기 입자 간에 마찰력으로 인해 표면으로 부터 떨어져
나가는 현상으로 양력이 감소하고, 항력은 증가하여 비행을 유지하지 못한다.

THEMA 35 취부각(붙임각)과 받음각(영각)

(1) 받음각(angle of attack, 영각)

① 풍판의 시위선과 공기흐름의 속도방향(또는 상대풍)이 이루는 각을 말한다.

② 받음각은 항공기를 부양시킬 수 있는 항공역학적 각(angle)이며 양력을 발생시키는 요소가 된다.

③ 수평 직진비행 상태에서 상승비행으로 전환 시 받음각을 증가시켜 양력을 증가시킨다.

④ 받음각이 증가하면 양력이 증가하나 흐름이 떨어짐 현상이 발생하는 시점에서 양력이 갑작스럽게 감소하며 항력이 증가한다. 이를 실속이라고 한다.

(2) 취부각(angle of incidence, 붙임각)

① 항공기의 동체와 날개가 이루는 각

② 제작시 비행기의 세로축(종축)에 따라 10˚, -30˚의 각을 이루게 된다.

③ 취부각(붙임각)의 변화는 영각에 변화를 주어 풍판의 양력계수가 변화된다. 즉, 취부각에 따라 양력이 증가 또는 감소한다.

---

146 | 수평 직진비행을 하다가 상승비행으로 전환 시 받음각(영각)이 증가할 경우 양력의 변화는? 　기출빈도 ★★★☆☆

① 순간적으로 감소한다. 　　② 순간적으로 증가한다.

③ 변화가 없다. 　　④ 지속적으로 감소한다.

해설 수평 직진비행 상태에서 상승비행으로 전환 시 받음각을 증가시켜 양력을 증가시킨다.

---

147 | 다음 중 취부각(붙임각)에 대한 내용으로 틀린 것은? 　기출빈도 ★★★☆☆

① 유도기류와 항공기 속도가 없는 상태에서는 영각(받음각)과 동일하다.

② 취부각(붙임각)에 따라서 양력은 증가만 한다.

③ 블레이드 피치각

④ Airfoil의 익현선과 로터 회전면이 이루는 각

---

answer 143 ① 144 ② 145 ④ 146 ② 147 ②

취부각(붙임각)의 변화는 영각에 변화를 주어 풍판의 양력계수가 변화된다. 즉, 취부각에 따라 양력이 증가 또는 감소한다.

148 비행방향의 반대인 공기흐름의 속도방향과 Airfoil의 시위 선이 만드는 사이각으로 양력, 항력 및 피치 모멘트에 가장 큰 영향을 주는 것은? `기출빈도 ★★★★`

① 붙임각   ② 받음각

③ 후퇴각   ④ 상반각

받음각(AOA)은 항공기의 비행 방향(상대 바람이 불어 들어오는 방향)과 날개 단면의 시위선이 이루는 각을 말한다.

149 수평등속도 비행을 하던 비행기의 속도를 증가시켰을 때 그 상태에서 수평비행을 하기 위해서는 받음각은 어떻게 하여야 하는가? `기출빈도 ★★☆☆☆`

① 감소시킨다.   ② 증가시킨다.

③ 변화시키지 않는다.   ④ 감소하다 증가시킨다.

수평비행을 하려면 양력의 크기가 같아야하는데 속도가 빨라지면 양력이 증가한다. 따라서 속도로 인한 증가분만큼 받음각을 감소시켜야 양력이 일정하게 유지된다.

150 날개골의 받음각이 증가하여 흐름의 떨어짐 현상이 발생할 경우 양력과 항력의 변화는? `기출빈도 ★★★☆☆`

① 양력은 증가하고 항력은 감소한다.

② 양력과 항력이 모두 감소한다.

③ 양력과 항력이 모두 증가한다.

④ 양력은 감소하고 항력은 급격히 증가한다.

받음각이 증가하면 양력이 증가하나 흐름이 떨어짐 현상이 발생하는 시점에서 양력이 갑작스럽게 감소하며 항력이 증가한다. 이를 실속이라고 한다.

151 다음 중 0양력 받음각에 대한 설명으로 옳은 것은? `기출빈도 ★★★☆☆`

① 실속이 발생할 때의 받음각   ② 실속이 발생하지 않을 때의 받음각

③ 양력이 발생할 때의 받음각   ④ 양력이 발생하지 않을 때의 받음각

0양력 받음각(무양력 받음각)은 에어 포일에 양력이 발생하지 않을 때의 받음각이다.

THEMA 36 무게 중심 및 균형(weight and balance)

(1) 무게와 균형(weight and balance)

① 비행기에 작용하는 무게는 비행기 자체의 무게, 조종사, 승무원 및 화물을 포함한 무게로 비행기 구조와 운용에 직접적으로 영향을 끼친다. 항공기의 무게는 세 개의 축(종축, 횡축, 수직축)이 만나는 점(point)에서 균형을 이루게 되는데 이점을 무게중심점(center of gravity : C.G.)이라 한다.

② 무게 중심점이 전방에 있을 때 : 순항 속도 감소, 실속 속도 증가, 종적 안정 증가

③ 무게 중심점이 후방에 있을 때 : 순항 속도 증가, 실속 속도 감소, 종적 불안정, 회복이 어려움

④ 멀티콥터(드론)의 무게중심(C.G) : 동체의 중앙 부분

(2) 무게와 균형계산

① 무게중심(C.G) = 총모멘트(Total moment) ÷ 총무게(Total weight)

② 무게중심점은 한 지점이지만 전, 후, 좌, 우로 허용 한계치가 있다.

③ 무게중심은 고정된 점이 아니다. 항공기 중량에 의존한다. 하중의 변화에 따라 이동한다.

(3) 무게중심 용어

① 기지점(기준선, Datum) : 비행기 제작시 모든 제원의 기준이 되는 가상 수직선

② 암(Arm) : 기지점으로부터 측정한 수평선으로 멀티콥터의 경우 본체와 모터를 연결하는 붐대

③ 모멘트(Moment) : 수평선상 물체의 기준점으로부터 일정거리(Arm) 선상에서 받는 힘 (모멘트 = 무게 × 암)

④ 비행기 자체 중량(empty weight) : 순수한 비행기 자체만의 무게

⑤ 가용 하중(Useful Load) : 항공기 자체 무게를 제외하고 항공기의 최대 중량 범위 내에서 적재 가능한 무게

⑥ 하중계수(Load factor) : 항공기와 항공기 부품의 실제무게가 항공기의 날개에 의해서 유지되는 총 하중의 비율로 날개에 부과된 실제무게를 총 하중으로 나눈 값

152 | 초소형비행장치의 무게중심(C.G)과 관련된 내용으로 옳지 않은 것은? **기출빈도 ★★★☆**

① 항공기의 무게는 세 개의 축(종축, 횡축, 수직축)이 만나는 점에서 균형을 이룬다.

② 기체마다 무게중심은 한 곳으로 고정되어 있다.

③ 균형상태가 되지 않으면 비행을 해서는 안 된다.

④ 가용하중이란 항공기 자체의 무게를 제외하고 최대 적재 가능한 무게를 말한다.

해설 무게중심은 고정된 점이 아니라 항공기 중량에 의존하며, 하중의 변화에 따라 이동한다. 항공기에 작용하는 세 개의 축이 만나는 점으로 이 점을 기준으로 균형을 이룬다.

153 | 다음 중 초경량비행장치의 무게중심(C.G)을 결정하는 공식은? **기출빈도 ★★★**

① CG = TA ÷ TM(총 암을 모멘트로 나누어 얻은 값이다.)

② CG = TM ÷ TW(총 모멘트를 총 무게로 나누어 얻은 값이다.)

③ CG = TM ÷ TA(총 모멘트를 총 암으로 나누어진 값이다.)

④ CG = TAXTW(총 암과 총무게를 곱한 값이다.)

해설 항공기 무게중심은 총 Moment를 총 무게로 나눈 값이다.

154 | 멀티콥터(드론)의 무게중심(C.G)은 어느 곳에 위치하는가? **기출빈도 ★★★☆**

① 동체의 중앙 부분　　　② GPS 안테나 부분

③ 배터리 장착 부분　　　④ 로터 장착 부분

155 | 멀티콥터(드론)의 무게중심(C.G) 위치는? **기출빈도 ★★★☆**

① 전진 모터의 뒤쪽　　　② 후진 모터의 뒤쪽

③ 기체의 중심　　　④ 랜딩 스키드 뒤쪽

THEMA 37 지면 효과(ground effect)/후류/측풍이착륙

(1) 지면 효과(ground effect)

① <u>드론(고정익, 회전익, 멀티콥터 등)이 착륙할 때에 지면과 거리가 가까워지면 양력이 더 커지는 현상이다.</u>

② 지면효과의 발생은 날개와 날개끝(wingtips)주변의 공기 흐름(air flow)이 변형되고 이에 따라 형성된 기류의 형태가 유도항력(induced drag)을 감소시키는 하향기류(downwash)를 감소시켜 수직양력이 증가한다.

③ 지면효과를 받고있는 상태에서 지면효과를 벗어났을 때는 하향기류의 증가와 유도항력의 증가로 양력의 감소를 초래하여 항공기는 침하 현상이 발생한다.

(2) 후류(Ground Effect)

① 날개를 따라 지나는 공기의 흐름이 날개 뒤쪽을 지나 박리가 생겨 소용돌이치는 공기의 흐름

② 후류는 드론의 프로펠러에 영향을 미쳐 드론 자체를 크게 흔들고, 심하면 추락하거나 전복시킴

(3) 측풍이착륙

① 측풍 상태에서 이륙을 시도하면 순항보다 현저히 낮은 비행속도이므로 측풍에 의해 옆으로 밀리는 현상이 나타날 수 있다.

② 측풍상태에서 이륙은 정상 이륙과 같은 조작과 절차에 의해 이뤄지며 도움날개를 사용하여 바람이 부는 쪽의 날개를 낮추어 옆 흐름을 제어해야 한다.

③ 멀티콥터(드론)이 전진할 때 측풍이 왼쪽으로 불면 멀티콥터(드론)은 전진방향이 바뀌지 않게 자연히 왼쪽 모터 스피드가 빨라지게 되고 그 결과 모터스피드가 빨라지게 되어 배터리소모가 빨라진다.

156 | 다음 중 지면효과에 대한 내용으로 틀린 것은?

① 지면효과가 발생하면 양력을 상실 해 추락한다.

② 기체의 비행으로 인해 밑으로 부는 공기가 지면에 부딪혀 공기가 압축되는 현상

③ 지면효과가 발생하면 착륙하기 어려워지는 경우가 있다.

④ 지면효과가 발생하면 더 적은 동력으로 양력을 발생시킬 수 있다.

> **해설** 지면효과는 항공기 이륙 및 착륙 시 지면 가까이에서 운용 시 날개와 지면 사이를 흐르는 공기의 기류가 압축되어 날개의 부양력을 증대시키는 현상을 말한다.

157 | 드론(회전익, 멀티콥터 등) 날개의 후류가 지면에 영향을 줌으로써 회전면 아래의 압력이 증가되어 양력의 증가를 일으키는 현상은?

① 위빙 효과   ② 자동회전 효과

③ 지면 효과   ④ 랜드업 효과

> **해설** 지면효과는 드론(고정익, 회전익, 멀티콥터 등)이 착륙할 때에 지면과 거리가 가까워지면 양력이 더 커져서 비행체가 마치 공기쿠션 위에 놓인 것처럼 일시적으로 지면 위를 붕 떠있는 현상이다.

158 | 다음 중 지면효과에 대한 내용으로 옳은 것은?

① 항공기 주변의 공기흐름 패턴이 지표면 혹은 수면과 간섭되면서 발생한다.

② 지표면과 날개 사이에 공기흐름이 빨라져 유도항력이 증가하여 나타나는 현상이다.

③ 날개끝 와류가 감소하면 그 방향으로 받음각과 유도항력이 증가한다.

④ 날개에 대한 공기흐름이 잘 흐르게 한다.

> **해설** 지면효과(Ground Effect)는 지면에 근접 운용 시 프로펠러/로터 하강풍이 지면과의 충돌로 양력 발생효율이 증대되는 현상이다.

159 | 항공기가 착륙 시 비행기가 지면 또는 수면에 접근함에 따라 날개끝의 와류가 지면에 부딪혀 항력이 감소하여 지면 가까운 고도에서 비행기가 침하하지 않고 머무는 현상은?

① 대기효과   ② 간섭효과

③ 지면효과   ④ 날개효과

160 다음 중 지면효과에 대한 내용으로 옳은 것을 고르면? 기출빈도 ★★★☆☆

① 이륙 시 정상속도 보다 적은 속도로 이륙이 가능하나, 그 효과를 벗어나면 실속(stall)이나 침하가 된다.
② 날개에 대한 증가된 유해항력으로 공기흐름 패턴에서 변형된 결과이다.
③ 날개에 대한 공기흐름 패턴의 방해 결과이다.
④ 착륙 시 활주거리가 짧아진다.

THEMA 38 공중 항법

(1) 지문 항법

가장 기초적인 항법으로 지형을 참고하여 비행하는 방법으로, 국지 공역에서 잘 알고 있는 지역을 비행할 때 주로 사용(초경량 비행기와 같은 저고도, 저속의 비행기 항법)

(2) 무선 항법

지상 무선국으로부터 전파의 방향을 측정하거나 전파 특성으로 발생하는 위치선을 맞추어서 항공기의 위치를 확인하는 방법(대부분의 항공기에서 현재 이용하고 있는 방법)

(3) 추측 항법

이미 알고 있는 지점에서부터 방위와 거리를 계산한 다음 바람의 방향과 속도를 파악하여, 비행 경로를 유지할 수 있는 항공기 기수의 방향을 구한 뒤 실제 대지 속도와 소요 시간에 따른 위치를 추측하여 정확한 비행 진로로 비행하는 방법이다.

(4) 위성 항법

인공위성을 이용하여 지구상의 위치를 알아내는 항법이다.

161 항법 중 고도, 속도 거리, 시간 등을 파악하여 목표지점까지 도달하게 하는 방법은?

① 지문 항법 ② 추측 항법 기출빈도 ★☆☆☆☆
③ GPS 항법 ④ 무선 항법

제자리 비행(Hovering)

(1) 제자리 비행(Hovering) 개요

① 드론(회전익)이 전후좌우의 방향으로 이동하지 않고 일정한 고도를 유지하며 공중에 떠 있는 비행 상태를 말한다.

② 드론(회전익)은 회전날개의 피치각(blade pitch angle)에 의해서 부양할 수 있는 힘을 얻고 회전면(plane of rotation)의 경사에 의해서 추력을 발생한다. 무풍 상태라고 가정할 때 제자리비행은 회전면이 지면과 수평을 이룰 때 상층부의 공기를 직하방으로 밀어내면서 드론(회전익)은 부양하는 힘을 얻고 제자리비행이 가능하다.

(2) 토크 효과와 제자리 비행(Hovering)

① 대부분의 회전익항공기는 토크로 유발된 회전을 방지하기 위하여 꼬리회전익(반토크 회전익)을 사용하고 있다.

② 멀티콥터는 회전을 실시하는 프로펠러의 방향이 역방향(CCW)-정방향(CW) 형태로 회전하여 각각의 프로펠러의 움직임에 의한 반토크 작용을 통해 제자리 비행이 가능하다.

---

162 | 제자리 비행(Hovering)을 할 때 영향을 미치는 요소와 거리가 먼 것은? 기출빈도 ★☆☆☆☆

① 블레이드가 자체적으로 만들어내는 바람의 영향
② 자연풍의 영향
③ 멀티콥터의 무게와 양력
④ 요잉 성능의 영향

해설 제자리 비행(Hovering)이란 일정한 고도와 방향을 유지하면서 공중에 머무는 비행술이다. 수직 및 수평방향으로 움직이지 않고 공중에 떠 있는 상태로 멀티콥터 무게 = 양력이다. 요잉은 상하 방향을 향한 축회전의 진동이다.

비행 계기(고도계/윤활유)

(1) 비행 상태 표시 비행용 계기

① 자세계 : 기본적으로 소형무인기의 전방향 기체 기울기를 볼 형태 및 수치로 표시

② 속도계 : 소형무인기의 비행 속도를 계기와 수치로 표시

③ 방향계 : 소형무인기의 비행 방향을 계기와 수치로 표시

④ 고도계 : 소형무인기의 비행 고도를 계기와 수치로 표시

　㉠ 절대 고도 : 지표면으로부터 항공기까지의 실제 높이로 지표면에 따라 달라진다.

　㉡ 지시고도 : 해당지역의 고도계 수정치 값에 조정했을 때 고도계가 지시하는 고도

　㉢ 실제(진)고도 : 평균 해수면으로부터 항공기까지의 수직높이

　㉣ 밀도고도 : 압력고도에서 비표분 온도와 압력을 수정해서 얻은 고도

　㉤ 기압고도 : 고도계수정치를 표준대기압(29.92 inchHg)에 맞춘 상태에서 고도계가 지시하는 고도

(2) 고도계 조정

표준 기온보다 더운 지역에서 실제 고도는 지시 고도보다 높게 지시하고, 반대로 표준 기온 보다 추운 지역에서 실제 고도는 지시 고도보다 낮게 지시한다.

(3) 엔진 오일의 기능

마찰력을 작게 하는 마찰저감 작용, 냉각 작용, 응력 분산 작용, 밀봉 작용, 방청 작용, 세정 작용, 응착 방지 작용

---

163 진고도(true altitude)를 지시고도 보다 낮게 지시하는 경우의 조건은?　기출빈도 ★☆☆☆☆

① 표준 공기 온도보다 추울 때

② 기압고도와 밀도고도가 일치할 때

③ 밀도 고도가 지시고도 보다 높을 때

④ 표준 공기 온도보다 더울 때

해설 표준 공기 온도보다 추울 때 진고도는 지시고도 보다 낮게 지시

answer 162 ④ 163 ①

164 민감한 고도계의 지시에서 온도의 영향에 대해서 옳게 설명한 것을 고르면?

기출빈도 ★☆☆☆☆

① 기압 고도계는 온도의 변화를 자체적으로 수정할 수 있기 때문에 고도의 변화는 없다.
② 표준 온도보다 추운 지역에서 항공기는 고도계 지시보다 낮은 위치에 있다.
③ 표준 온도보다 더운 지역에서 항공기는 고도계 지시보다 낮은 위치에 있다.
④ 표준 온도보다 추운 지역에서 항공기는 고도계 지시보다 높은 위치에 있다.

해설 표준기온 15℃ 보다 온도가 낮은 추운지역을 비행한다면 공기의 입자가 상대적으로 많아지므로 기압이 올라가며 진고도보다는 낮아진다.

165 다음 중 왕복엔진 윤활유의 역할이 아닌 것을 고르면?

기출빈도 ★☆☆☆☆

① 윤활 　　　　　　　　② 냉각
③ 기밀 　　　　　　　　④ 방빙

해설 방빙은 얼음을 제거하고 결빙을 방지하는 것으로 따로 넣어주어야 한다.

166 다음 중 기압고도에 대한 설명은?

기출빈도 ★★☆☆☆

① 항공기와 지표면의 실측 높이이며, AGL 단위를 사용한다.
② 고도계 수정치를 표준대기압(29.92 inchHg)에 맞춘 상태에서 고도계가 지시하는 고도
③ 기압고도에서 비표준온도와 기압을 수정해서 얻은 고도이다.
④ 고도계를 해당지역이나 인근 공항의 고도계 수정치 값에 수정 했을 때 고도계가 지시하는 고도

THEMA 41 비행관련 정보 : AIP, NOTAM 등

(1) 항공고시보(NOTAM)

① 조종사를 포함한 항공 종사자들이 적시 적절히 알아야 할 공항 시설, 항공 업무, 절차 등의 변경 및 설정, 위험요소의 시설 등에 관한 정보 사항의 고시

② 비행금지구역, 제한구역, 위험구역 설정 등의 공역을 제공

③ 유효기간 : 3개월

(2) 항공정보간행물(AIP : Aeronautical Information Publication)

① 비행장 및 지상시설, 항공통신, 항로, 일반사항, 수색구조 업무 등의 종합적인 비행 정보를 수록한 정기간행물로 영구성 있는 항공정보를 수록

② 우리나라 항공정보간행물은 한글과 영어로 된 단행본으로 발간

167 | 조종사를 포함한 항공 종사자들이 적시 적절히 알아야 할 공항 시설, 항공 업무, 절차 등의 변경 및 설정 등에 관한 정보 사항의 고시는? 기출빈도 ★★★★

① METAR ② AIP

③ TAF ④ NOTAM

168 | 항공시설 업무, 절차 또는 위험요소의 시설, 운영상태 및 그 변경에 관한 정보를 수록하여 전기통신수단으로 항공종사자들에게 배포하는 공고문을 고르면? 기출빈도 ★★★★

① NOTAM ② AIC

③ AIP ④ AIRAC

169 | 다음 중 비행금지구역, 제한구역, 위험구역 설정 등의 공역을 제공하는 곳을 고르면?

① AIC ② AIP 기출빈도 ★★★★

③ AIRAC ④ NOTAM

170 | 비행장 및 지상시설, 항공통신, 항로, 일반사항, 수색구조 업무 등의 종합적인 비행 정보를 수록한 정기간행물은? 기출빈도 ★

① AIC ② AIP

③ AIRAC ④ NOTAM

answer   164 ② 165 ④ 166 ② 167 ④ 168 ① 169 ④ 170 ②

무인멀티콥터(드론) 필기 80테마 기출 348제

CHAPTER 05

항공 기상

CHAPTER 05 항공 기상

THEMA 42 대기의 구성과 구조

(1) 대기의 구성요소

78%의 질소, 20.8%의 산소, 0.8%의 아르곤, 0.4%의 수증기 및 소량의 탄산가스와 수소

(2) 대기의 구조

대류권 - 성층권 - 중간권 - 열권 - 외기권 순

① 대류권(troposphere)

ⓐ 지구 표면으로부터 형성된 공기의 층으로 지상에서 약 8~18km의 대기층으로 대부분의 기상 현상이 발생

ⓑ 고도가 증가함에 따라 온도의 감소가 발생 : 1000ft당 2℃

ⓒ 대류 권계면(tropopause) : 대류권의 상층부로 대류권과 성층권 사이로 제트 기류, 청천 난류 또는 뇌우를 일으키는 기상 현상이 발생

② 성층권(stratosphere) : 대류권 바로 위에 있는 층으로, 그 고도는 약 50km에 이르며, 25km의 고도까지는 온도가 일정하고 그 이상의 고도에서는 온도가 중간권에 이를 때까지 증가

③ 중간권(mesosphere) : 고도에 따라 온도가 감소하며, 약한 대류운동, 일부 전리층 포함, 50Km~90Km의 대기층

④ 열권(thermosphere) : 중간권 위쪽으로 지표면으로부터 고도 80~500km사이에 존재, 대부분의 전리층포함(전파를 흡수하거나 반사하는 작용을 함으로써 무선 통신에 영향을 미침), 인공위성의 궤도

⑤ 외기권(exosphere) : 열권의 위쪽으로 대체로 고도 약 500km로부터 시작, 공기의 농도가 매우 엷은 층

171 지구의 대기는 4개의 기류층으로 구성되어 있는데 지구에서 가장 가까운 층부터 기류층의 순서는? 기출빈도 ★★

① 성층권, 대류권, 중간권, 외기권
② 대류권, 성층권, 중간권, 외기권
③ 대류권, 중간권, 성층권, 외기권
④ 성층권, 중간권, 대류권, 외기권

해설 대기의 구조는 대류권, 성층권, 중간권, 열권, 외기권 순이다.

172 지면으로부터 약 11km까지이며, 대류가 발생하고 대부분의 기상이 발생하는 대기의 층은? 기출빈도 ★★

① 대류권   ② 성층권
③ 중간권   ④ 열권

해설 대부분의 구름이 대류권에 존재하며, 기상 변화는 대류권에서만 일어난다.

THEMA 43 국제 표준 대기(international standard atmosphere : ISA)

(1) 국제 표준 대기

① 평균 중위도(mid-latitude)의 해면 고도(sea level)에서 성층권 하부와 대류권의 대기를 기준으로 측정한 결과
② 기온 감소율(lapse rate) : 기온이 감소하는 비율로 지구 중위도 지방의 대류 권계면까지인 11km 높이까지는 고도가 1km 올라갈 때마다 기온이 약 6.5℃씩 낮아짐

(2) 표준대기(Standard atmosphere)

① 해면 기압 : 1013.25HPa = 760mmHg = 29.92InHg
② 해면 기온 : 15℃
③ 해면 공기밀도 : 0.001225g/cm³
④ 기온감율 : 6.5℃/km, 2℃/1,000ft

173 | 현재의 지상기온이 31℃ 일 때 3,000ft 상공의 기온은?(단, 조건은 ISA조건)

① 25℃   ② 29℃   기출빈도 ★★★

③ 34℃   ④ 37℃

해설 1,000ft(약 304m)당 −2℃의 기온 감소 ⇒ 총 −6℃ 감소로 3,000ft 기온은 25℃

174 | 국제민간항공기구(ICAO)의 표준대기 조건에 대한 설명으로 틀린 것은? 기출빈도 ★★★★

① 고도에 따른 온도강하는 -56.5℃(-67.7F) 될 때까지 -2도/1,000ft 이다.

② 대기의 온도는 통상적인 0℃를 기준으로 하였다.

③ 대기는 수증기가 포함되지 않는 건조한 공기이다.

④ 해면상의 대기 압력은 수은주의 높이 760mm를 기준으로 하였다.

해설 대기압은 시간과 위치에 따라 다르고 항상 변화하므로 국제기구에서는 표준대기조건을 설정하였다. 해수면에서 표준 대기압은 1,013.2mb 혹은 29.92inHg 온도는 15°C 혹은 59°F가 된다.

175 | 다음 중 해수면에서의 표준 온도와 표준기압은? 기출빈도 ★★★★

① 15℃, 29.92 inch.Hg   ② 15℃, 1013.2 Hg

③ 15℉,1013.2 inch.Hg   ④ 59℉, 29.92 Hg

176 | 표준대기 상태에서 해수면 상공 1000ft 당 상온의 기온은 몇 도씩 감소하는지를 고르면? 기출빈도 ★★★★

① 1℃   ② 2℃

③ 3℃   ④ 4℃

해설 표준대기 상태에서 기온은 1,000ft당 약 2°C 혹은 3.5°F씩 감소한다.

177 | 평균 해면에서의 온도가 20℃일 때 1000ft에서의 온도를 고르면? 기출빈도 ★★★★

① 0℃   ② 18℃

③ 22℃   ④ 40℃

해설 1,000ft당 약 2℃씩 낮아지므로 20℃ − 2℃ = 18℃

178 다음 중 평균 해수면에서 온도가 15℃ 일 때 1000ft에서의 온도를 고르면?

① 20℃   ② 18℃   기출빈도 ★★★★

③ 15℃   ④ 13℃

해설 1,000ft 당 약 2° C씩 낮아지므로 15℃ − 2℃ = 13℃

THEMA 44 공기의 특성

(1) 공기의 기본 성질

① 압력 : 압력(p)은 단위 면적(A)당 작용하는 힘(F)을 나타낸다.

② 밀도 : 기체의 밀도(q)는 단위 체적(V)이 가지는 질량(m)을 나타낸다.

③ 비중 : 물질의 비중은 그 물질과 같은 체적의 1기압, 4℃의 물의 중량(또는 질량)에 대한 그 물질의 중량(또는 질량)비로 정의한다.

(2) 공기 밀도(Air Density)

① 단위 부피 중에 포함된 공기의 질량으로, 기압과 같이 고도가 낮을수록 크다.

② 해수면에서 15℃일 때 공기의 밀도는 약 $1.225kg/m^3$이다.

(3) 밀도에 대한 영향

① 밀도에 대한 압력의 영향 : 온도가 일정하다고 가정할 때 밀도는 압력에 비례한다.

② 밀도에 대한 온도의 영향 : 공기밀도는 온도와 반비례관계이다.

③ 밀도에 대한 습도·수분의 영향 : 실제 대기상태는 공기보다 가벼운 수증기가 포함되어 있으며 공기보다 가벼운 수증기는 공기분자를 대체하므로 습한 공기는 건조한 공기에 비하여 단위체적당 공기의 양이 적어 밀도가 낮아진다.

④ 모든 조건이 같을 경우, 밀도가 크면 비행기 날개에 양력이 많이 생긴다.

---

179 공기밀도가 높아지면 나타나는 현상으로 옳은 것을 고르면? 기출빈도 ★☆☆☆☆

① 입자가 증가하고 양력이 높아진다.
② 입자가 감소하고 양력이 감소한다.
③ 입자가 감소하고 양력이 증가한다.
④ 입자가 증가하고 양력이 감소한다.

해설 단위 부피 속에 들어있는 공기 입자의 개수(즉 공기 질량)가 공기 밀도이다. 모든 조건이 같을 경우, 밀도가 크면 비행기 날개에 양력이 많이 생긴다.

180 다음 중 공기밀도에 관한 설명으로 옳지 않은 것은? 기출빈도 ★☆☆☆☆

① 온도가 높아질수록 공기밀도도 증가한다.
② 국제표준대기(ISA)의 밀도는 건조공기로 가정했을 때의 밀도이다.
③ 일반적으로 공기밀도가 하층보다 상층이 낮다.
④ 수증기가 많이 포함될수록 공기밀도가 감소한다.

해설 압력이 일정하다고 가정했을 때 공기밀도는 기온과 반비례한다.

THEMA 45 기상 요소와 해수면

(1) 기상 7대 요소

기온·기압·바람·습도·구름·강수·시정

(2) 해수면과 수준원점

① 우리나라는 인천만의 평균 해수면을 높이를 0m로 선정
② 수준원점 : 바닷물의 높이는 항상 변화하므로 0.00m는 실제로 존재하지 않기에 수위 측정소에서 얻은 값을 육지로 옮겨와 고정점을 정하는 것

181 다음 중 기상의 7대 요소를 고르면? 기출빈도 ★☆☆☆☆

① 기압, 기온, 대기, 안정성, 해수면, 바람, 시정

② 기압, 기온, 습도, 구름, 강수, 바람, 시정

③ 기압, 전선, 기온. 습도, 구름, 강수, 바람

④ 해수면, 전선, 기온, 난기류, 시정. 바람. 습도

182 우리나라 평균해수면 높이를 0m로 선정하여 평균해수면의 기준이 되는 지역을 고르면? 기출빈도 ★☆☆☆☆

① 영일만   ② 강화만

③ 인천만   ④ 순천만

THEMA 46 온도와 기온

(1) 온도와 기온의 정의

① 온도(temperature) : 지구는 태양으로부터 태양 복사 형태의 에너지를 받는데 흡수된 복사열에 의한 대기의 열

② 기온 : 태양열을 받아 가열된 대기의 온도

(2) 기온의 단위

① 섭씨온도(Celsius, ℃) : 1기압에서 물의 어는점을 0℃, 끓는점을 100℃로 하여 그 사이를 100등분한 온도이며, 단위 기호는 ℃

② 화씨온도(Fahrenheit, ℉) : 표준 대기압하에서 물의 어는점을 32℉, 끓는점을 212℉로 하여 그 사이를 180등분 한 것

③ 절대온도(Kelvin, K) : 열역학 제2법칙에 따라 정해진 온도

④ 환산법

$℉ = 9/5℃ + 32$	$100℃ = 212℉$	$℃ = 5/9(℉ - 32)$	$0℃ = 32℉$

---

(3) 기온 측정

① 지표면 기온(surface air temperature)은 지상으로부터 약 1.5m(5ft) 높이의 백엽상에서 측정

② 백엽상은 직사광선을 피하고 통풍이 될 수 있어야 함

③ 해상에서 측정 시는 선박의 높이를 고려하여 약 10m의 높이에서 측정

(4) 온도 변화 요인

① 일일 변화 : 자전에 따른 밤낮의 온도차

② 계절적 변화 : 공전에 따른 태양 방사열의 변화

③ 지형에 따른 변화 : 수면보다는 육지가 변화가 큼

④ 고도 차이에 따른 변화

　㉠ 고도가 상승함에 따라 일정 비율로 온도가 감소

　㉡ 기온역전(온도의 역전) : 고도가 증가함에 따라 온도가 증가하는 현상이 발생할 수도 있는데 이를 말함

---

183 | 기온에 관한 설명으로 옳지 않은 것을 고르면?　　기출빈도 ★☆☆☆☆

① 태양열을 받아 가열된 대기(공기)의 온도이며 햇빛이 잘 비치는 상태에서의 얻어진 온도이다.

② 흡수된 복사열에 의한 대기(공기)의 온도이며 햇빛이 가려진 상태에서 10분간 통풍을 하여 얻어진 온도이다.

③ 1.25~2m 높이에서 관측된 온도를 말한다.

④ 해상에서 측정 시는 선박의 높이를 고려하여 약 10m의 높이에서 측정한 온도를 사용한다.

[해설] 백엽상은 직사광선을 피하고 통풍이 될 수 있어야 한다.

184 화씨온도에서 물이 어는 온도와 끓는 온도는 각각 몇 °F인지 고르면? 기출빈도 ★★☆☆☆

① 어는 온도 : 0, 끓는 온도 : 100

② 어는 온도 : 20, 끓는 온도 : 202

③ 어는 온도 : 14, 끓는 온도 : 194

④ 어는 온도 : 32, 끓는 온도 : 212

해설 화씨온도(Fahrenheit, °F) : 표준 대기압하에서 물의 어는점은 32°F, 끓는점은 212°F

THEMA 47 온도와 열

(1) 열량(heat quantity)

물질의 온도가 증가함에 따라 열에너지를 흡수할 수 있는 양으로 열은 온도가 높은 곳에서 온도가 낮은 곳으로 이동

(2) 비열(specific heat)

어떤 물질 1g의 온도를 1℃ 만큼 올리는 데 필요한 열량

(3) 현열(sensible heat)

물질의 온도변화를 일으키는데 필요한 열량

(4) 잠열(latent heat)

① 물질의 상태가 기체와 액체, 또는 액체와 고체 사이에서 변화할 때 흡수 또는 방출하는 열에너지(heat energy)

② 비등점 : 액체가 표면과 내부에서 기포가 발생하면서 끓기 시작하는 온도

③ 빙점 : 물이 얼기 시작하거나 얼음이 녹기 시작할 때의 온도

185 열량에 대한 설명으로 옳은 것을 고르면? 기출빈도 ★★☆☆☆

① 물질의 온도가 증가함에 따라 열에너지를 흡수할 수 있는 양

② 물질의 하위상태로 변화시키는 데 요구되는 열 에너지

③ 물질 10g의 온도를 10℃ 올리는데 요구되는 열

④ 온도계로 측정한 온도

해설 **열량** : 열을 양적으로 표시한 것

---

186 물질의 1g이 온도를 1℃ 올리는데 요구되는 열은? 기출빈도 ★★☆☆☆

① 현열   ② 열량

③ 비열   ④ 잠열

해설 **현열**(sensible heat) : 물질의 온도변화를 일으키는데 필요한 열량

---

187 물질의 상태가 기체와 액체, 또는 액체와 고체 사이에서 변화할 때 흡수 또는 방출하는 열에너지는? 기출빈도 ★★☆☆☆

① 잠열   ② 현열

③ 열량   ④ 비열

해설 잠열은 기체 상태에서 액체 또는 고체 상태로 변할 때 방출하는 열에너지로 상태 변화에 매우 중요한 요소이다.

---

188 물체의 온도와 열에 관한 용어의 정의로 옳지 않은 것은? 기출빈도 ★☆☆☆☆

① 일반적인 온도계에 의해 측정된 온도를 현열이라 한다.

② 물질의 온도가 증가함에 따라 열에너지를 흡수할 수 있는 양은 열량이다.

③ 물질 1g의 온도를 1 올리는데 요구되는 열은 비열이다.

④ 물질을 하위 상태로 변화시키는데 필요한 열에너지를 잠열이라 한다.

해설 잠열은 물의 상태변화로 대기 중에 방출 또는 대기로부터 흡수되는 열에너지를 말한다.

(1) 개요

① 습도의 정의 : 대기 중에 함유된 수증기(물이 증발하여 생긴 기체, 또는 기체 상태로 되어 있는 물)의 양을 나타내는 척도

② 절대습도(absolute humidity) : 부피 1㎥ 중에 포함된 수증기의 양

③ 상대습도(relative humidity) : 현재 포함한 수증기량과 공기가 최대로 포함할 수 있는 수증기량(포화수증기량)의 비를 퍼센트(%)로 나타낸 것

④ 포화 상태(saturated) : 상대 습도가 100%가 되었을 때

⑤ 불포화(unsaturated) 상태 : 상대 습도가 100% 이하의 상태

⑥ 과포화 상태 : 상대 습도가 100% 이상의 상태

(2) 이슬점(노점)기온

불포화 상태의 공기가 냉각되어 현재 공기 중의 수증기에 의해 포화상태가 되는 기온으로 이슬이 맺히기 시작

(3) 응축 핵(condensation nuclei)

소금, 먼지. 연소 부산물과 같은 미세한 입자들

(4) 과냉각수(supercooled water)

섭씨 0℃ 이하의 온도에서 응축되거나 액체 상태로 지속되어 남아 있는 물방울로 항공기 착빙(icing) 현상의 한 원인

(5) 이슬(dew)과 서리(frost)

① 이슬(dew) : 바람이 없거나 미풍이 존재하는 맑은 야간에 복사냉각에 의하여 기온이 이슬점 온도 이하로 내려갔을 때 형성

② 서리(frost) : 수증기가 침착하여 지표나 물체의 표면에 얼어붙은 것으로, 늦가을 이슬점이 0℃ 이하일 때 생성

189 | 일정 대기 조건의 변화가 없다고 가정할 경우 대기가 포함되어 이슬이 맺히기 시작하는 온도는? 기출빈도 ★☆☆☆☆

① 포화온도　　　　　　　② 노점온도

③ 상대온도　　　　　　　④ 대기온도

───────────────

해설 **노점온도** : 공기의 온도를 낮추어 갈 때 공기 중의 수증기가 포화하여 이슬이 맺힐 때의 온도

190 | 다음 중 불포화 상태의 공기가 냉각되어 포화 상태가 되는 기온은? 기출빈도 ★☆☆☆☆

① 절대기온　　　　　　　② 결빙기온

③ 상대기온　　　　　　　④ 이슬점(노점)기온

───────────────

해설 **이슬점(노점)기온** : 불포화 상태의 공기가 냉각되어 현재 공기 중의 수증기에 의해 포화상태가 되는 기온으로 이슬이 맺히기 시작

191 | 다음 중 액체 물방울이 섭씨 0℃ 이하의 기온에서 응결 되거나 액체상태로 지속되어 남아있는 물방울은? 기출빈도 ★☆☆☆☆

① 빙정　　　　　　　　　② 과냉각수

③ 안개　　　　　　　　　④ 이슬

───────────────

해설 **과냉각수** : 0℃ 이상의 물을 냉각시켜 0℃ 이하로 온도가 내려가도 응결되지 않고 액체상태로 남아 있는 경우를 말한다.

THEMA 49 ＿ 기압의 정의와 기압 변화

(1) 기압의 정의

① **기압의 정의** : 대기의 압력

② **표준 해수면 기압** : 드론의 고도(True Altitude)는 평균해수면으로 부터의 고도로 나타내는데 평균 해수면의 높이는 지역에 따라 달라지므로 세계표준 평균해면기압을 기준으로 하여 기타 지역의 기압을 측정

(2) 기압의 단위$^{(\star)}$

① hPa : 공식적인 기압의 단위

② 표준기압 : 1기압(atm)으로 수은주 760mm의 높이에 해당하는 기압

③ 1기압 : 단면적 1cm², 높이 1,000km 공기 기둥 = 1atm = 760cm² 2Hg = 760Torr = 1.01325bar

④ 환산 : 1mb=1hPa, 1표준기압(atm) = 760mmHg = 1,013.25hPa

(3) 기압 변화

① 고도와 기압 : 기압은 고도가 증가함에 따라 감소한다.

② 기온과 기압

㉠ 기온이 낮은 곳에서는 공기가 수축되므로 평균기온시보다 기압고도는 낮아진다.

㉡ 반대로 기온이 높은 지역에서는 공기의 팽창으로 기압고도는 평균기온시보다 높아진다.

③ 대기의 기압은 고도, 밀도, 온도 등 기상 조건에 따라 변한다.

192 | 다음 중 압력의 단위가 아닌 것을 고르면?　기출빈도 ★★★

① pa
② Torr
③ bar
④ BTU

193 | 다음 중 1기압에 대한 내용으로 옳지 않은 것은?　기출빈도 ★★★

① 단면적 1cm², 높이 1,000km 공기 기둥
② 단면적 1cm², 높이 76cm의 수은주 기둥
③ 3.760mmHg = 29.92inHg
④ 1,015mbar = 1.015bar

194 | 다음 중 대기온도, 대기압에 대한 내용으로 옳지 않은 것을 고르면?　기출빈도 ★★

① 1,03215hpa
② 29.92inHg
③ 760mmHg
④ 해수면 온도 섭씨 15도, 화씨 59도

> **해설** 1기압 = 1atm = 760mmHg = 760Torr

(1) 등압선(isobar)

① 기압이 같은 지점을 연결한 선으로 기압의 높낮이를 표시한다.

② 등압선의 간격이 좁으면 기압차가 크고 간격이 넓으면 기압차가 적다.

③ 등압선의 간격이 좁을수록 기압차가 크므로 바람의 세기는 강하다.

④ 기압 경도력 : 두 지점 사이의 기압차에 의해서 생기는 힘으로, 바람이 불게 되는 근본적인 원인이 되며 방향은 고압에서 저압 방향으로 작용

(2) 고기압

① 고기압의 특징

　㉠ 일기도상에서 기압이 주위보다 높게 나타나는 구역

　㉡ 북반구에서 고기압은 시계방향(남반구에서 시계반대 방향)으로 회전

　㉢ 공기의 이동 : 중심 → 바깥쪽, 고기압의 중심 → 저기압의 중심

　㉣ 하강기류가 생겨 날씨는 비교적 좋음

② 고기압의 종류

　㉠ 한랭 고기압 : 키가 작은 고기압이라 불리며, 대륙의 복사 냉각으로 인해 지표면 부근의 대기가 냉각되어 형성되는 열적 고기압(시베리아 고기압, 극고기압 등)

　㉡ 온난 고기압 : 키가 큰 고기압이라 불리며, 역학적 원인에 의하여 형성되는 고기압(북태평양 고기압)

(3) 저기압

① 저기압의 특징

　㉠ 일기도상에서 기압이 주위보다 낮게 나타나는 구역

　㉡ 저기압 중심 : 저기압 구역에서 기압이 가장 낮은 곳

　㉢ 지상에서 저기압의 중심으로 갈수록 기압은 낮아지고, 북반구에서는 저기압 주위의 대기가 반시계 방향으로 회전

　㉣ 저기압 구역 내에서는 상승 기류가 형성되어 구름과 강수를 일으키고 악천후의 원인이 됨

⑭ 기단의 기온차가 심하면 발생

② 저기압의 종류

、㉠ 전선 저기압(온대 저기압) : 전선을 동반하는 저기압으로 기온 경도가 큰 온대 및 한대 지방에서 발생하는 저기압

㉡ 비전선 저기압 : 전선을 동반하지 않는 저기압(태풍 등)

㉢ 한랭 저기압 : 동일한 고도에서 저기압 중심 부근의 기온이 주위보다 상대적으로 낮은 저기압

㉣ 온난 저기압 : 중심이 주위보다 온난한 저기압으로 상층에 갈수록 저기압성 순환이 감쇠하여 어느 고도에서는 소멸하는 저기압

---

195 | 다음 중 일기도에서 등압선에 대한 내용으로 옳은 것은?　　기출빈도 ★

① 조밀하면 바람이 강하다.
② 조밀한 지역은 기압경도력이 매우 작은 지역이다.
③ 조밀하면 바람이 약하다.
④ 서로 다른 기압지역은 연결한 선이다.

---

196 | 다음 중 등압선이 좁은 곳에서 나타나는 현상을 고르면?　　기출빈도 ★

① 무풍 지역　　　　② 약한 바람
③ 강한 바람　　　　④ 태풍 지역

해설 등압선의 간격이 좁으면 기압차가 크고 간격이 넓으면 기압차가 적다. 등압선의 간격이 좁을수록 기압차가 크므로 바람의 세기는 강하다.

---

197 | 고기압에 대한 내용으로 옳지 않은 것을 고르면?　　기출빈도 ★★★

① 북반구에서 고기압의 공기는 시계 방향으로 불어 나간다.
② 중심에서는 상승기류가 형성된다.
③ 주변보다 기압이 높은 곳은 고기압이다.
④ 근처에서는 주로 맑은 날씨가 나타난다.

해설 고기압은 주변보다 상대적으로 기압이 높은 지역으로 하강기류가 발생하므로 맑은 날씨가 발생한다.

---

198 | 다음 중 북반구에서 발생하는 고기압 바람의 방향으로 옳은 것은? `기출빈도 ★★★☆☆`

① 시계방향으로 중심부에서 수렴한다.
② 반시계방향으로 중심부에서 발산한다.
③ 시계방향으로 중심부에서 발산한다.
④ 반시계방향으로 중심부에서 수렴한다.

199 | 고기압이나 저기압 시스템의 설명으로 옳은 것을 고르면? `기출빈도 ★★★☆☆`

① 고기압 지역은 마루에서 공기가 올라간다.
② 고기압 지역은 마루에서 공기가 내려간다.
③ 저기압 지역은 골에서 공기가 내려간다.
④ 저기압 지역은 골에서 공기가 정체한다.

200 | 다음 중 고기압에 대한 내용으로 옳지 않은 것은? `기출빈도 ★★★☆☆`

① 구름이 사라지고 날씨가 좋아진다.
② 중심 부근에는 하강기류가 있다.
③ 북반구에서의 바람은 시계방향으로 회전한다.
④ 고기압권 내에서는 전선형성이 쉽다.

201 | 저기압에 대한 내용으로 틀린 것을 고르면? `기출빈도 ★★★☆☆`

① 저기압 내에서는 주위보다 기압이 낮으므로 사방으로부터 바람이 불어 들어온다.
② 하강기류에 의해 구름과 강수현상이 있고 바람도 강하다
③ 일반적으로 저기압 내에서는 날씨가 나쁘고 비바람이 강하다.
④ 저기압은 주변보다 상대적으로 기압이 낮은 부분이다.

202 | 다음 중 저기압에 대한 설명으로 옳지 않은 것은? `기출빈도 ★★★☆☆`

① 저기압은 전의 파동에 의해 생긴다.
② 하강기류에 의해 구름과 강수현상이 있다.
③ 주변 보다 상대적으로 기압이 낮은 부분이다.
④ 저기압 내에서는 주위보다 기압이 낮으므로 사방으로 바람이 불어 들어온다.

THEMA 51 바람의 개요와 단위

(1) 바람의 개요(★)

① 바람이 발생하는 원인 : 기압 경도력, 전향력, 마찰력, 구심력이 작용

② 기압은 높은 곳에서 낮은 곳으로 흘러가는데 이것을 바람이라고 한다.

③ 바람은 대기운동의 수평적 성분만을 측정했을 때의 공기운동이다.

④ 바람은 수평방향의 흐름으로 고도가 높아지면 지표면 마찰이 적어 강해진다.

(2) 풍향

① 풍향은 바람이 불어오는 방향을 말하며, 일정 시간 내의 평균풍향이다.

② 16방위 또는 8방위나 32방위, 36방위로 나타내며, 진북을 기준으로 한다.

(3) 풍속

① 풍속은 기체가 이동한 거리와 이에 소요된 시간의 비이다.

② 일정 시간을 취한 경우를 평균풍속, 순간적인 값을 순간풍속이라고 한다.

③ 풍속의 단위 : m/sec, km/hr, mile/hr, knot 등

④ 풍향풍속계는 지상으로부터 10m 높이에 설치된 것을 표준으로 한다.

(4) 이 · 착륙할 때의 지상풍 영향

이착륙 비행을 할 때, 앞바람(head wind)을 받으면 이륙 거리와 착륙 거리가 짧아지고, 뒷바람(tail wind)을 받으면 그 거리가 길어진다.

① 정풍(맞바람, Head Wind) : 항공기 전면에서 뒤쪽으로 부는 바람

② 배풍(뒷바람, Tail Wind) : 항공기 뒤쪽에서 앞으로 부는 바람

③ 측풍(옆바람, Cross Wind) : 측면에서 부는 바람

203 | 다음 풍속의 단위 중 주로 멀티콥터(드론)의 운용 시 사용하는 것은? `기출빈도 ★★`

① M/H(kt)　　　　　　　　② SM/H(MPH)

③ km/h　　　　　　　　　④ m/s

`해설` **풍속의 단위** : m/sec, km/hr, mile/hr, knot 등

204 | 바람에 대한 내용 중 옳지 않은 것은? `기출빈도 ★★`

① 풍속은 기체가 움직인 거리와 그 시간의 비이다.

② 바람은 대기운동의 수평적 성분만을 측정했을 때의 공기운동이다.

③ 풍향의 기준은 진북으로 한다.

④ 기압이 낮은 곳에서 높은 곳으로 분다.

`해설` 공기가 기압이 높은 곳에서 낮은 곳으로 흘러가는 것을 바람이라고 한다.

205 | 다음 바람에 관한 설명으로 옳지 않은 것은? `기출빈도 ★★`

① 바람은 수평방향의 흐름은 지칭하고 고도가 높아지면 지표면 마찰이 적어 강해진다.

② 풍향은 관측자를 기준으로 불어가는 방향이다.

③ 바람은 관측자를 기준으로 불어오는 방향이다.

④ 바람은 공기의 흐름이다 즉 운동하고 있는 공기이다.

206 | 바람이 존재하는 근본적인 원인은? `기출빈도 ★★`

① 기압 차이　　　　　　　② 고도 차이

③ 공기밀도 차이　　　　　④ 자전과 공전현상

`해설` **바람이 부는 주요 원인** : 태양 복사열의 불균형 및 기압 경도력의 차이

207 다음 중 바람이 발생하는 원인은? `기출빈도 ★★☆☆☆`

① 지구의 자전과 공전
② 기압 경도력의 차이
③ 공기밀도 차이
④ 대류와 이류 현상

208 앞바람과 뒷바람이 항공기에 미치는 영향으로 옳지 않은 것은? `기출빈도 ★☆☆☆☆`

① 맞바람은 항공기의 활주거리를 감소시킨다
② 뒷바람은 항공기의 활주거리를 감소시킨다.
③ 맞바람은 상승률을 증가시킨다.
④ 뒷바람은 상승률을 저하시킨다.

`해설` 항공기는 특별한 상황이 아닌 한 항상 바람을 안고(맞바람) 이착륙해야 한다.

209 항공기 이륙성능을 향상시키기 위한 가장 좋은 바람의 방향은? `기출빈도 ★☆☆☆☆`

① 정풍(맞바람)
② 좌측 측풍(옆바람)
③ 배풍(뒷바람)
④ 우측 측풍(옆바람)

210 다른 조건은 일정할 경우 활공거리를 가장 길게 해 주는 바람은? `기출빈도 ★☆☆☆☆`

① 측풍
② 배풍
③ 후풍
④ 바람방향과 관계 없음

`해설` 배풍(뒷바람)은 항력이 감소되고 추력이 증가되기 때문에 활공거리가 길어진다.

뷰포트 풍력계급

풍력계급	이 름	육지에서의 상태	바다에서의 상태	풍속 범위	
				m/s	kts
0	고 요 Clam	연기가 똑바로 올라간다.	해면이 거울과 같이 매끈하다.	0~0.2	1
1	실바람 Light air	연기의 흐름으로 풍향을 알 수 있으나 풍향계는 움직이지 않는다.	비늘과 같은 잔물결이 인다.	0.3~1.5	1~3
2	남실바람 Slight breeze	얼굴에 바람을 느낀다. 나뭇잎이 움직이고 풍속계도 움직인다.	잔물결이 뚜렷해진다.	1.6~3.3	4~6
3	산들바람 Gentle breeze	나뭇잎이나 가지가 움직인다.	물결이 약간 일고 때로는 흰 물결이 많아진다.	3.4~5.4	7~10
4	건들바람 Moderate breeze	작은 가지가 흔들리고 먼지가 일고 종잇조각이 날려 올라간다.	물결이 높지는 않으나 흰 물결이 많아진다.	5.5~7.9	11~16
5	흔들바람 Fresh breeze	작은 나무가 흔들리고 연못이나 늪의 물결이 뚜렷해진다.	바다 일면에 흰 물결이 보인다.	8.0~10.7	17~21
6	된바람 Strong breeze	나무의 큰 가지가 흔들린다. 전선이 울고 우산을 사용할 수 없다.	큰 물결이 일기 시작하고 흰 거품이 있는 물결이 많이 생긴다.	10.8~13.8	22~27
7	센바람 Moderate gale	큰 나무 전체가 흔들린다. 바람을 안고 걷기가 힘들게 된다.	물결이 커지고 물결이 부서져서 생긴 흰 거품이 하얗게 흘러간다.	13.9~17.1	28~33
8	큰바람 Fresh gale	작은 가지가 부러진다. 바람을 안고 걸을 수 없다.	큰 물결이 높아지고 물결의 꼭대기에 물보라가 날리기 시작한다.	17.2~20.7	34~40
9	큰센바람 Strong gate	굴뚝이 넘어지고 기왓장이 벗겨지고 간판이 날아간다.	큰 물결이 더욱 높아진다. 물보라 때문에 시계가 나빠진다.	20.8~24.4	41~47
10	노대바람 Whole gale	큰 나무가 뿌리째 쓰러진다. 가옥에 큰 피해를 입힌다. 육지에서는 드물다.	물결이 무섭게 크고 거품 때문에 바다 전체가 희게 보이며 물결이 격렬하게 부서진다.	24.5~28.4	48~55

211 나뭇잎과 가는 가지가 쉴 새 없이 흔들리고, 깃발이 흔들릴 때 나타나는 풍속은?

① 0.3~1.5m/sec ② 1.6~3.3m/sec
③ 3.4~5.4m/sec ④ 5.5~7m/sec

기출빈도 ★☆☆☆☆

해설 산들바람(Gentle breeze) : 나뭇잎이나 가지가 움직인다. 물결이 약간 일고 때로는 흰 물결이 많아진다.

THEMA 53 바람의 종류

(1) 푄(횐, foehn, 높새바람)

① 늦봄에서 초여름에 걸쳐 동해안에서 태백산맥을 넘어 서쪽 사면으로 부는 북동 계열의 바람

② 습윤한 공기가 산맥을 넘을 때 산허리를 따라 상승하게 되면, 점점 냉각 응결되어 비를 내리게 되나 이 바람이 다시 반대 측의 산비탈면을 내려 불 때에는 단열압축을 하게 되므로 기온이 상승하고 습도는 저하된다.

③ 푄현상이 발생할 수 있는 조건 : 지형적 상승, 습한 공기의 이동, 건조단열 기온감율 및 습윤단열 기온율

(2) 계절풍

① 계절풍은 겨울과 여름의 내륙과 해양의 온도차로 인해서 생긴다.

② 겨울에는 대륙에서 해양으로 여름에는 해양에서 대륙으로 불어 가는 바람을 계절풍이라고 한다.

③ 대륙은 해양보다 비열이 작아 대륙이 해양보다 빨리 데워지고 냉각되는 특징이 있다.

(3) 곡풍과 산풍

① 낮에 산 정상이 계곡보다 가열이 많이 되어 정상에서 공기가 발산됨(밤에 산 정상이 주변보다 냉각이 심하여 주변에서 공기가 수렴하여 침강함)

② 곡풍 : 낮에는 골짜기 → 산 정상으로 공기 이동

③ 산풍 : 밤에는 산 정상 → 산 아래로 공기 이동

answer 211 ③

(4) 해풍과 육풍

① 낮에 육지가 바다보다 빨리 가열되어 육지에 상승 기류와 함께 저기압 발생(밤에 육지가 바다보다 빨리 냉각되어 육지에 하강기류와 함께 고기압 발생)

② 해풍 : 낮에는 바다 → 육지로 공기 이동

③ 육풍 : 밤에는 육지 → 바다로 공기 이동

(5) 윈드시어(Wind Shear)

Wind(바람)와 Shear(자르다)가 결합된 용어로, 바람 진행방향에 대해 수직 또는 수평 방향의 풍속 변화로서, 풍속, 풍향이 갑자기 바뀌는 돌풍

(6) 스콜(squall)

갑자기 불기 시작하여 몇 분 동안 계속된 후 갑자기 멈추는 바람

(7) 경도풍

등압선이 원형일 때 지상으로부터 1km이상에서 기압경도력, 전향력, 원심력의 세 힘이 균형을 이루어 부는 바람

---

212 | **푄현상에 대한 설명으로 틀린 것은?**   기출빈도 ★☆☆☆☆

① 동쪽에서 서쪽으로 공기가 불어 올라갈 때에 수증기가 응결되어 비나 눈이 내리면서 상승한다.

② 우리나라의 푄현상은 늦봄에서 초여름에 걸쳐 동해안에서 태백산맥을 넘어 서쪽 사면으로 부는 북동 계열의 바람이다.

③ 습하고 찬 공기가 지형적 상승과정을 통해서 저온 습한 바람으로 변화되는 현상이다.

④ 지형적 상승과 습한 공기의 이동 그리고 건조단열 기온감율 및 습윤단열 기온율이다.

해설 푄(foehn)은 먼 곳의 저기압의 영향으로 고온 다습한 공기가 높은 산을 넘을 때 팽창 냉각되어 수증기가 응고 강수를 일으켜 건조하고 차가운 공기로 변해 산을 넘어 내려가면서 고기압으로 압축 발열되어 고온 건조한 공기가 불어 내리는 바람을 말한다.

213 | 해풍에 대하여 설명으로 맞는 것은? 기출빈도 ★☆☆☆☆

① 여름에 해상에서 육지로 부는 바람

② 낮에 육지에서 바다로 부는 바람

③ 낮에 해상에서 육지로 부는 바람

④ 밤에 해상에서 육지로 부는 바람

해설 주간에 지표면이 해수면보다 쉽게 가열되면서 기압차에 의해 해수면에서 육지로 불어오는 바람을 해풍이라 한다.

214 | 해풍에 대한 설명으로 옳은 것을 고르면? 기출빈도 ★☆☆☆☆

① 주간에 바다에서 육지로 분다.

② 주간에 육지에서 바다로 분다.

③ 야간에 바다에서 육지로 분다.

④ 야간에 육지에서 바다로 분다.

THEMA 54 대기의 안정성과 구름

(1) 대기의 안정과 불안정성 : 기류의 상승 및 하강운동

① **안정된 대기** : 기류의 상승 및 하강 운동을 억제, 수평방향으로만 발달하는 층운형 구름 형성

② **불안정한 대기** : 기류의 수직 및 대류 현상을 초래, 수직으로 발달하는 적운형 구름 형성

③ **역전층** : 일반적 대기는 고도가 높을 수록 온도가 낮아지는데, 이에 반해 고도가 높을수록 온도가 높아지는 구간

(2) 운량

관측자를 기준으로 하늘을 10등분하여 판단

① Clear : 운량이 1/8(1/10) 이하

② Scattered : 운량이 1/8(1/10)~5/8(5/10)일 때

③ Broken : 운량이 5/8(5/10)~7/8(9/10)일 때

④ Overcast : 운량이 8/8(10/10)일 때

(3) 구름의 종류$^{(★)}$

<u>높이에 따라 상층운, 중층운, 하층운, 수직으로 발달한 구름으로 구분</u>

① **상층운** : 상층운은 고도 16,500~45,000ft에서 형성된 구름

    ㉠ Ci(권운) : 작은 조각이나 흩어져 있는 띠 모양의 구름

    ㉡ Cc(권적운) : 흰색 또는 회색 반점이나 띠 모양을 한 구름

    ㉢ Cs(권층운) : 베일 모양의 허여스름한 엷은 구름

② **중층운** : 중층운은 고도 6,500~23,000ft에서 대부분 과냉각된 물방울로 구성되고 회색 또는 흰색의 줄무늬 형태로 발달

    ㉠ Ac(고적운) : 흰색이나 회색의 큰 덩어리로 이루어진 구름

    ㉡ As(고층운) : 하늘을 완전히 덮고 있으나 후광 현상 없이 태양을 볼 수 있는 회색 구름

    ㉢ Ns(난층운) : 태양을 완전히 가릴 정도로 짙고 어두운 층으로 된 구름으로 지속적인 강수의 원인

③ **하층운** : 하층운은 지표면과 고도 6,500ft 이상에 형성되는 구름으로 대부분 과냉각된 물로 구성

    ㉠ Sc(층적운) : 연속적인 두루마리처럼 둥글둥글한 층으로 늘어선 회색과 흰색의 구름

    ㉡ St(층운) : 안개와 비슷하게 연속적인 막을 만드는 회색 구름

④ **수직운(적운계)** : 대기의 불안정 때문에 수직으로 발달하고 많은 강우를 포함하며, 이들 구름 주위에는 소나기성 강우, 요란기류 등 기상 변화 요인이 많으므로 상당한 주의가 요구됨

    ㉠ Cu(적운) : 갠 날씨의 윤곽이 매우 뚜렷한 구름

    ㉡ Cb(적란운) : 세찬 강수를 일으킬 수 있는 매우 웅장한 구름

---

215 | 다음 중 안정된 대기 조건으로 볼 수 없는 것은?　　　기출빈도 ★☆☆☆☆

   ① 지속적인 강우　　　　　② 역전층

   ③ 적란형 구름　　　　　　④ 잔잔한 대기

해설 | 적란형 구름은 수직으로 발달한 커다란 구름으로 쎈비구름 또는 소나기구름이라고도 한다.

216 국제 기준에 의한 구름의 종류를 잘 구분한 것을 고르면? `기출빈도 ★★★★`

① 높이에 따른 상층운, 중층운, 하층운, 수직으로 발달한 구름
② 운량에 따라 작은 구름, 중간 구름, 큰 구름 그리고 수직으로 발달한 구름
③ 층운, 적란운, 권운
④ 층운, 적운, 난운, 권운

해설 **구름의 종류** : 높이에 따라 상층운, 중층운, 하층운, 수직으로 발달한 구름으로 구분

---

217 대기의 불안정 때문에 수직으로 발달하고 많은 강우를 포함하고 있는 적란운의 부호는? `기출빈도 ★★★★`

① Cb ② Cs
③ As ④ Ns

해설 **Cb(적란운)** : 세찬 강수를 일으킬 수 있는 매우 웅장한 구름

---

218 회색 또는 검은색의 먹구름이며 비와 눈을 포함하고 두께가 두껍고 수직으로 발달한 구름은? `기출빈도 ★★★★`

① Altostratus(고층운) ② Cumulonimbus(적란운)
③ Nimbostratus(난층운) ④ Stratocumulus(층적운)

---

219 다음 중 6500ft 이하에서 발생하는 구름의 종류는? `기출빈도 ★★★`

① 권층운 ② 고층운
③ 적운 ④ 층운

해설 **하층운(층적운, 층운)** : 하층운은 지표면과 고도 6,500ft 이상에 형성되는 구름으로 대부분 과냉각된 물로 구성

---

220 수직으로 발달한 구름으로 강우가 예상되는 구름은? `기출빈도 ★★★★`

① Cu(적운) ② St(층운)
③ As(고층운) ④ Ci(권운)

`answer` 215 ③ 216 ① 217 ① 218 ② 219 ④ 220 ①

221 | 불안정한 공기가 존재하며 수직으로 발달한 구름으로 틀린 것은? 기출빈도 ★★★★☆

① 권층운   ② 권적운
③ 고적운   ④ 층적운

해설 수직으로 발달한 구름(수직운) : 적란운(Cb), 적운(Cu)

222 | 다음 중 cumulonimbus cloud와 nimbostratus cloud의 공통점은? 기출빈도 ★★☆☆☆

① 비
② 수평으로 발달한 형태이고 안정된 공기
③ 수직으로 발달하고 불안정한 공기
④ 수직으로 발달하고 안정된 공기

해설 적란운과 난층운의 공통점
- Cb(적란운, cumulonimbus cloud) : 세찬 강수를 일으킬 수 있는 매우 웅장한 구름
- Ns(난층운, nimbostratus cloud) : 태양을 완전히 가릴 정도로 짙고 어두운 층으로 된 구름으로 지속적인 강수의 원인

223 | 운량의 구분 시 하늘의 상태가 1/8~5/8일 때를 부르는 약어는? 기출빈도 ★☆☆☆☆

① CLR   ② SCT
③ BKN   ④ OVC

해설 Scattered : 운량이 1/8(1/10)~5/8(5/10)일 때

THEMA 55 안개의 발생 조건과 종류

(1) 안개

대기 중의 수증기가 응결핵을 중심으로 응결해서 성장 대기 중에 떠 있는 현상으로 시정이 1km 이하일 때

(2) 안개의 발생 조건(★)

① 공기중에 수증기와 부유물질이 충분히 포함될 것

② 온도가 낮고, 냉각작용이 있을 것 : 공기가 노점온도 이하로 냉각

③ 공기 중 흡습성 미립자 즉 응결핵이 많아야 함

④ 대기의 성층이 안정할 것 : 바람이 없고 상공에 기온의 역전현상

⑤ 공기중에 응결핵의 역할을 하는 물질이 충분히 있어야 함

(3) 안개의 종류

① 이류안개(advection fog) : 온난 다습한 공기가 차가운 지면이나 수면 위로 이동(이류)하여 발생한 안개로 공기의 밑부분이 냉각되어 응결이 일어나는 안개

② 복사안개(땅안개, radiation fog) : 바람이 없거나 미풍, 맑은 하늘, 상대 습도가 높을 때 지면에 접한 공기가 이슬점에 달하여 수증기가 지상의 물체 위에 응결하여 이슬이나 서리가 되고 지면 근처 얇은 기층에 안개가 형성되는 안개(주로 야간 혹은 새벽에 형성)

③ 활승안개(upslope fog) : 윤한 공기가 완만한 경사면을 따라 올라갈 때 단열팽창 냉각됨에 따라 형성되는 안개

④ 전선안개(frontal fog) : 따뜻한 공기와 찬 공기가 만나는 전선 부근에서 발생하는 안개

⑤ 증발안개 : 찬 공기가 따뜻한 수면 또는 습한 지면 위를 이동할 때 증발에 의해 형성된 안개

---

224 | 안개가 발생할 수 있는 대기 조건으로 옳지 않은 것을 고르면? 　`기출빈도 ★★★★`

① 온도가 낮을 것
② 바람이 강하게 불 것
③ 공기 중에 수증기가 풍부할 것
④ 대기가 안정할 것

---

225 | 안개가 끼는 조건으로 볼 수 없는 것을 고르면? 　`기출빈도 ★★★★`

① 물방울이 생길 수 있는 온도이어야 한다.
② 공기 중에 응결핵의 역할을 하는 물질이 충분히 있어야 한다.
③ 대기가 안정적이어야 한다.
④ 난류가 형성되어야 한다.

---

226 | 안개가 발생하기 적합한 조건이 아닌 것은?　　　　　　기출빈도 ★★★★

① 대기의 성층이 안정할 것
② 냉각작용이 있을 것
③ 강한 난류가 존재할 것
④ 바람이 없을 것

227 | 다음 내용 중 안개의 발생조건인 수증기 응결과 거리가 먼 것은?　기출빈도 ★★★★

① 공기 중 흡습성 미립자 즉 응결핵이 않아야 한다.
② 공기 중에 수증기 다량 함유
③ 공기가 노점온도 이하로 냉각
④ 지표면 부근의 기온역전이 해소 될 때

228 | 다음 보기의 설명에 해당하는 안개의 종류는?　　　　　기출빈도 ★★

차가운 지면이나 수면 위로 따뜻한 공기가 이동해 오면, 공기의 밑부분이 냉각
되어 응결이 일어나는 안개이다. 대부분 연안이나 해상에서 발생한다.

① 활승안개　　　　　　　　② 이류안개
③ 증기안개　　　　　　　　④ 복사안개

해설 **이류안개(advection fog)** : 온난 다습한 공기가 찬 지면으로 이류하여 발생한 안개를 말하며, 해
상에서 형성된 안개는 대부분 이류안개로 해무라고 부른다.

229 | 다음 보기의 설명에 해당하는 안개의 종류는?　　　　　기출빈도 ★★

바람이 없거나 미풍, 맑은 하늘, 상대 습도가 높을 때, 낮거나 평평한 지형에서
쉽게 형성된다. 이 같은 안개는 주로 야간 혹은 새벽에 형성된다.

① 활승안개　　　　　　　　② 복사안개
③ 이류안개　　　　　　　　④ 증기안개

해설 **복사안개** : 야간에 복사냉각이 일어나 지면 근처에 있는 공기가 이슬점 이하로 냉각되어 발생하
는 안개이다. 대기의 하층의 성층이 안정되어 있을 때 발생하기가 쉽다.

230 | 해무라 일컫는 이류안개가 가장 많이 발생하는 지역을 고르면? 기출빈도 ★★☆☆☆

① 산골짜기   ② 산간 내륙지역

③ 해안지역   ④ 조용한 숲속

해설 연안이나 해상에서 발생하는 안개는 대부분이 이류안개이며, 이 안개를 연안무, 해무라고 한다.

THEMA 56 시정(visibility, 視程) 및 시정 장애 현상

(1) 시정(visibility, 視程)의 정의와 종류

① **시정의 정의** : 대기의 혼탁 정도를 나타내는 기상요소로서 지표면에서 정상적인 시각을 가진 사람이 목표를 식별할 수 있는 최대 거리

② 시정은 한랭기단에서 나쁘고 온난기단에서 좋다.

③ **시정장애 요인** : 안개·황사·강수·연무·스모그·하층운·연기·먼지·화산재 등

(2) 시정의 종류

① **우시정**

   ㉠ 최대치의 수평 시정

   ㉡ 관측자로부터 수평원의 절반 또는 그 이상의 거리를 식별할 수 있는 시정

   ㉢ 방향에 따라 보이는 시정이 다를 때 각 시정에 해당하는 범위의 각도를 시정 값이 큰 쪽에서부터 순차적으로 합해 180°이상이 되는 경우의 시정값을 우시정으로 한다.

   ㉣ 우리나라에서는 2004년부터 우시정 제도를 채용하고 있다.

② **최단시정** : 방향에 따라 시정이 다른 경우에 그중에서 가장 짧은 시정

③ **활주로 시정** : 시정 측정장비와 기상관측자에 의한 활주로 수평 시정

④ **활주로 가시거리** : 항공기가 접지하는 지점의 조종사 평균높이(지상에서 약5m)에서 활주로의 이/착륙 방향을 봤을 때, 활주로 등화, 표식 등을 확인할 수 있는 최대거리

(3) 시정 장애물의 종류

① 황사(sand storm) : 미세한 모래입자로 구성된 먼지폭풍으로 중국 황하유역 및 타클라마칸 사막, 몽골 고비 사막에서 발원하며 편서풍으로 이동하여 주변으로 확산

② 연무(haze) : 안정된 공기 속에 산재되어 있는 미세한 소금입자 또는 기타 건조한 입자가 제한된 층에 집중되어 시정 장애를 주는 요소

③ 스모그(smog) : 연기(smoke)와 안개(fog)의 합성어로 대기 중에 안개와 매연이 공존하여 일어나는 오염현상

---

231 | 안개의 수평시정 거리로 맞는 것을 고르면? `기출빈도 ★★★`

① 1km 미만   ② 2km 미만
③ 1마일 미만   ④ 2마일 미만

해설 안개는 대기에 떠다니는 작은 물방울의 모임 중에서 지표면과 접촉하며 가시거리가 1km=1000m 이하가 되게 만드는 것이다.

---

232 | 대기오염물질과 혼합되어 나타나는 시정장애물을 고르면? `기출빈도 ★★★`

① 스모그   ② 해무
③ 안개   ④ 연무

해설 스모그(smog)는 연기(smoke)와 안개(fog)가 합쳐져서 생긴 말로, 오염된 공기가 안개와 함께 한 곳에 머물러 있는 상태를 뜻한다.

---

233 | 다음 중 시정 장애물의 종류가 아닌 것을 고르면? `기출빈도 ★★★`

① 황사   ② 스모그
③ 안개   ④ 강한비

해설 **시정장애 요인** : 안개 · 황사 · 강수 · 연무 · 스모그 · 하층운 · 연기 · 먼지 · 화산재 등

---

234 | 시정에 직접적인 영향을 미치지 않은 것을 고르면? `기출빈도 ★★★`

① 바람   ② 안개
③ 황사   ④ 연무

235 우시정에 대해 내용으로 옳지 않은 것을 고르면? 기출빈도 ★★☆☆☆

① 관측자로부터 수평원의 절반 또는 그 이상의 거리를 식별할 수 있는 시정

② 우리나라에서는 2004년부터 우시정 제도를 채용하고 있다.

③ 최대치의 수평 시정을 말하는 것이다.

④ 방향에 따라 보이는 시정이 다를 때 가장 작은 값으로부터 더해 각도의 합계가 180° 이상이 될 때의 값을 말한다.

> **해설** 방향에 따라 보이는 시정이 다를 때 각 시정에 해당하는 범위의 각도를 시정 값이 큰 쪽에서부터 순차적으로 합해 180° 이상이 되는 경우의 시정값을 우시정으로 한다.

236 다음 중 시정에 관한 내용으로 옳지 않은 것은? 기출빈도 ★★★☆☆

① 시정은 한랭기단에서 나쁘고 온난기단에서 좋다.

② 시정을 나타내는 단위는 mile이다.

③ 시정이란 정상적인 눈으로 먼 곳의 목표물을 볼 때 인식될 수 있는 최대 거리이다.

④ 시정이 가장 나쁜 날은 안개가 낀 날과 습도가 70%가 넘으면 급격히 나빠진다.

> **해설** 시정(VIS, visibility)이란 일정 방향의 목표물이 보이면서 동시에 그 형상을 식별할 수 있는 최대 거리로 단위는 km이다.

THEMA 57 뇌우(Thunderstorm)

(1) 뇌우

적란운 또는 거대한 적운에 의해 형성된 폭풍우로 항상 천둥과 번개를 동반

(2) 뇌우의 생성 조건

① 불안정 대기(불안정한 기온감률) : 잠재 불안정한 공기가 주위보다 따뜻해지는 고도까지 상승되면, 그때부터 자유롭게 상승

② 강한 상승운동 : 대류에 의한 일사, 지형에 의한 강제상승, 전선상에서의 온난공기의 상승, 저기압성 수렴, 상층냉각에 의한 대기 불안정으로 상승, 이류 등

③ 높은 습도(풍부한 수증기) : 수증기가 물방울이 되어 구름이 형성되면 잠열이 방출되기 때문에, 공기는 더욱 불안정해져 상승작용이 촉진

(3) 뇌우의 발생과 소멸

① 적운단계(cumulus stage) : 지표면 하부의 가열로 강력한 상승 기류를 형성, 10~20분 지속 후 성숙단계로 성장

② 성숙단계(mature stage) : 지속적인 상승기류 강화(6,000FPM 초과), 강수시작, 상승기류와 하강기류가 교차, 난기류 발생(강한바람과 번개가 동반)

③ 소멸단계(dissipating stage) : 하강 기류가 지속적으로 발달, 강우가 그치면서 하강기류도 감소하고 폭풍우도 점차 소멸

---

237 | 뇌우의 생성 조건으로 옳지 않은 것을 고르면?　기출빈도 ★☆☆☆☆

① 불안정 대기　　　　② 높은 습도
③ 강한 상승작용　　　④ 낮은 대기 온도

해설　**뇌우 발생 조건** : 충분한 수분, 대기의 불안정, 상승작용

---

238 | 다음 중 뇌우의 성숙단계에서 나타나는 현상으로 틀린 것은?　기출빈도 ★☆☆☆☆

① 상승기류가 생기면서 적란운이 운집
② 강한비가 내린다.
③ 강한바람과 번개가 동반한다.
④ 상승기류와 하강기류가 교차

해설　상승기류가 있는 와중에 상승기류로 지탱되지 않는 물과 기타 입자들이 낙하하면서 하강기류가 동시에 생긴다.

THEMA 58 착빙(icing)

(1) 착빙(icing)

빙결온도 이하의 상태에서 대기에 노출된 물체에 과냉각 물방울(과냉각 수적) 혹은 구름 입자가 충돌하여 얼음의 피막을 형성하는 것

(2) 착빙의 특징

① 착빙 형성의 조건 : 대기 중에 과냉각 물방울 존재, 항공기 표면에 자유대기 온도가 0℃ 미만일 것

② 착빙은 0~-10℃사이에서 가장 많이 발생

③ 난류성구름 속, 특히 산 위나 전선성이 발달하여 있는 적운형 구름속에서 강한 착빙이 발생

(3) 착빙의 영향

① 날개 : 공기역학특성이 저하되어 양력이 감소하고 항력은 증가한다.

② 조종면 : 조종이 어렵게 되며 심하면 조종 불능하게 된다.

③ 프로펠러 : 날개와 같은 현상이 일어나며 진동을 일으킨다.

④ 피토우관(pitot-tube) : 계기지시가 부정확 또는 불능하게 된다.

⑤ 기화기 : 기관의 상태가 나빠지며 심하면 기관정지상태로 된다.

(4) 착빙의 종류

① 맑은 착빙(clear icing) : 0~-10℃인 경우 큰 입자의 과냉각 물방울이 비행장치의 표면에 부딪치면서 표면을 덮은 수막이 그대로 얼어붙어 발생, 투명하고 단단한 착빙

② 거친 착빙(rime icing) : -10~-20℃인 경우 저온인 작은 입자의 과냉각 물방울이 충돌했을 때

③ 혼합 착빙(Mixed icing) : -10~-15℃ 사이인 적운형 구름 속에서 자주 발생하며 맑은 착빙과 거친 착빙이 혼합되어 나타나는 착빙

④ 서리착빙(Hoar Frost) : 활주로에 주기 중인 항공기에 잘 발생

answer 237 ④ 238 ①

239 빙결온도 이하의 대기에서 과냉각 물방울이 어떤 물체에 충돌하여 얼음 피막을 형성하는 기상 현상은? 　　　기출빈도 ★★☆☆☆

① 푄 현상　　　　　　　　　② 역전 현상

③ 착빙 현상　　　　　　　　④ 대류 현상

> **해설** 착빙(icing)은 물체의 표면에 얼음이 달라붙거나 덮여지는 현상이다. 즉, 소형무인기의 착빙은 0℃ 이하에서 대기에 노출된 소형무인기 날개나 동체 등에 과냉각 수적이나 구름 입자가 충돌하여 얼음의 막을 형성하는 것이다.

240 다음 중 착빙에 대한 설명으로 옳지 않은 것을 고르면? 　　　기출빈도 ★★☆☆☆

① 양력과 무게를 증가하여 추진력을 감소시키고 항력을 증가시킨다.

② 습한 공기가 기체 표면에 부딪치면서 결빙이 발생하는 현상이다.

③ 거친 착빙도 항공기 날개의 공기 역학에 심각한 영향을 줄 수 있다.

④ 착빙은 날개뿐만 아니라 Carburetor, Pitot관 등에도 발생한다.

> **해설** 소형무인기 날개, 로터 끝에 착빙이 발생하면 날개 표면이 울퉁불퉁하여 날개 주위의 공기 흐름이 흐트러지게 되고 이러한 결과는 소형무인기의 항력이 증가하고 양력이 감소하고, 엔진이나 안테나의 기능을 저하시킨다.

241 다음 중 착빙에 대한 설명으로 옳지 않은 것을 고르면? 　　　기출빈도 ★★☆☆☆

① 추력감소　　　　　　　　② 실속 속도증가

③ 양력증가　　　　　　　　④ 항력증가

> **해설** **착빙의 영향** : 양력감소, 무게증가, 추력감소, 실속 속도증가

242 다음 중 착빙의 종류가 아닌 것은? 　　　기출빈도 ★★☆☆☆

① 이슬 착빙　　　　　　　　② 혼합 착빙

③ 거친 착빙　　　　　　　　④ 맑은 착빙(투명 착빙)

> **해설** 착빙은 구름 속의 수적 크기, 개수 및 온도에 따라 맑은 착빙(clear icing), 거친 착빙(rime icing), 혼합 착빙(mixed icing)으로 분류된다.

243 착빙의 종류 중 비행 중 생성되는 착빙의 종류 중 맑은 색으로 날개에 고르게 퍼져 생성되는 것은? `기출빈도 ★★`

① 흐름 착빙   ② 혼합 착빙

③ 거친 착빙   ④ 맑은 착빙

`해설` 맑은 착빙(clear icing)은 수막이 천천히 얼어붙어 투명한 색을 띄며 항공기 표면을 따라 고르게 흩어지면서 천천히 결빙된다.

244 물방울이 비행장치의 표면에 부딪치면서 표면을 덮은 수막이 그대로 얼어붙어 투명하고 단단한 착빙은? `기출빈도 ★★`

① 싸락눈   ② 거친 착빙

③ 서리   ④ 맑은 착빙

THEMA 59 태풍(열대성 저기압)

(1) 태풍(열대성 저기압)

① 북태평양 남서부 열대 해역(북위 5°~25°와 동경 120°~170° 사이)을 발원지로 하고 폭풍우를 동반한 저기압

② 중심부의 최대 풍속이 17m/s 이상일 때

③ 발생수는 7월경부터 증가하여 8월에 가장 왕성

(2) 열대성 저기압의 발생 지역

① 허리케인(hurricane) : 북대서양과 북태평양 동부

② 사이클론(cyclone) : 인도양

③ 태풍(typhoon) : 북태평양 남서부인 필리핀 부근 해역

④ 윌리윌리(willy-willy) : 오스트레일리아

(3) 태풍의 일생

① 형성기 : 저위도 지방에 약한 저기압성 순환으로 발생하여 태풍강도에 달할 때까지 기간

`answer` 239 ③   240 ①   241 ③   242 ①   243 ④   244 ④

② 성장기 : 태풍이 된 후 한층 더 발달하여 중심기압이 최저가 되어 가장 강해질 때까지의 기간

③ 최성기 : 등압선은 점차 주위로 넓어지고 폭풍을 동반하는 반지름은 최대가 된다.

④ 쇠약기 : 온대저기압으로 탈바꿈하거나 소멸되는 기간이다.

245 │ 주로 열대 해상에서 발생하고, 발달하여 태풍이 되는 기압을 고르면? 기출빈도 ★★☆☆☆

① 한랭 고기압   ② 열대성 저기압
③ 온대 저기압   ④ 온난 고기압

246 │ 태풍의 세력이 약해져 소멸되기 직전 또는 소멸되어 무엇으로 변하는지 고르면?

① 열대성 폭풍   ② 열대성 저기압 기출빈도 ★★☆☆☆
③ 열대성 고기압   ④ 편서풍

해설) 열대성 저기압은 북상함에 따라 점차 변형되어 전선을 동반한 온대성 저기압화 된다.

247 │ 태풍의 명칭과 지역을 연결한 것으로 틀린 것은? 기출빈도 ★★☆☆☆

① 허리케인 - 북대서양과 북태평양 동부
② 사이클론 - 인도
③ 태풍 - 북태평양 서부
④ 바귀오 - 북한

THEMA 60   난기류(turbulence)

(1) 난류(turbulence)

① 난류(turbulence)란 비행 중인 항공기나 초경량 비행장치(드론) 등 비행체에 동요를 주는 악기류로 불규칙한 변동을 하는 대기의 흐름을 말한다.

② 상승기류나 하강기류에 의해 발생되며, 난류를 만나면 비행중인 항공기는 동요하게 된다.

③ 난류발생의 요인

  ㉠ 지표면의 부등가열과 기복, 수목, 건물 등에 의하여 생긴 회전기류

  ㉡ 바람 급변의 결과로 불규칙한 변동

  ㉢ 수평기류가 시간적으로 변하거나 공간적인 분포가 다를 경우

  ㉣ 공기의 열적인 성질의 변질 및 이동으로 인한 상승하강 기류

  ㉤ 대형 항공기에서 발생하는 후류

(2) 난류의 구분

① 기계적 난류(역학적 난류, mechanical turbulence)

  ㉠ 대기와 불규칙한 지형 장애물의 마찰 때문에 풍향이나 풍속의 급변이 이루어져 생긴다.

  ㉡ 바람이 산, 언덕, 절벽, 건물 등을 넘어서 부는 경우 생기는 일련의 소용돌이(eddy)로서 난류의 강도는 풍속, 지표면의 상태, 대기 안정도 등에 따라 결정된다.

  ㉢ 지표면이 거칠고, 풍속이 강할수록 난류는 강해지며, 불안정한 대기일수록 더욱 규모가 큰 난류가 발생한다.

② 대류에 의한 난류(열적 난류, convective turbulence) : 대류권 하층의 기온상승으로 대류가 일어나면, 더운 공기가 상승하고, 상층의 찬 공기는 보상류로서 하강하는 대기의 연직 흐름이 생겨 난류가 발생된다.

③ 항적에 의한 난류(vortex wake turbulence)

  ㉠ 인공 난류(man-made turbulence)라고도 하며, 비행중인 여러 비행체의 후면에서 발생하는 소용돌이를 말한다.

  ㉡ 대형 항공기의 이·착륙 직후의 활주로에는 많은 소용돌이가 남는데 이·착륙하는 소형 항공기는 그 영향을 받게 된다.

(3) 윈드시어(wind shear)

① 윈드시어의 특징

  ㉠ 윈드시어란 갑작스럽게 바람의 방향이나 세기가 바뀌는 현상으로 말해 수직이나 수평 방향 어디서도 나타날 수 있다.

  ㉡ 강한 상승기류나 하강기류가 만들어지면 풍속, 풍향이 갑자기 바뀌는 돌풍 현상이다.

  ㉢ 강한 윈드시어를 만나면 소형무인기의 상승력 및 양력을 상실케 하여 소형무인기를

추락시킬 수도 있다.

② 저고도 윈드쉬어의 요인 : 뇌우, 전선, 대기 중의 강한 기온역전이나 밀도 경도(density gradient), 깔대기 형태의 바람, 산악파 등

248 | 다음 중 난류의 분류에 대한 설명으로 옳지 않은 것은?　　　기출빈도 ★★☆☆☆

① 항적에 의한 난류는 비행 중인 여러 비행체의 후면에서 발생하는 소용돌이에 의해 생긴다.

② 기계적 난류는 대기와 불규칙한 지형·장애물의 마찰이나 풍향, 풍속의 급변이 이루어져 생긴다.

③ 대류에 의한 난류는 대류권 하층의 기온상승으로 대류가 일어나면 더운 공기가 상승하고 상층의 찬 공기는 하강하는 대기의 연직 흐름이 생겨 발생한다.

④ 기계적 난류는 인공 난류라고도 불린다.

해설 항적에 의한 난류(vortex wake turbulence)는 비행중인 여러 비행체의 후면에서 발생하는 소용돌이를 말하며, 인공 난류(man-made turbulence)라고도 한다.

249 | 다음 중 난기류(Turbulence)를 발생하는 요인으로 볼 수 없는 것은?　　　기출빈도 ★★☆☆☆

① 안정된 대기상태　　　　　　② 기류의 수직 대류형상

③ 바람의 흐름에 대한 장애물　　④ 대형 항공기에서 발생하는 후류

250 | 다음 중 윈드쉬어(Wind shear)에 관한 설명 중 틀린 것은?

① Wind shear는 동일 지역내에 바람의 방향이 급변하는 것으로 풍속의 변화는 없다.

② Wind shear는 어느 고도층에서나 발생하며 수평, 수직적으로 일어날 수 있다.

③ 저고도 기온 역전층 부근에서 Wind shear가 발생하기도 한다.

④ 착륙시 양쪽 활주로 끝 모두가 배풍을 지시하면 저고도 Wind shear로 인식하고 복행을 해야 한다.

해설 윈드쉬어는 매우 짧은 거리내에서 바람 속도와 방향이 급격히 변화하는 현상이라 할 수 있다. 이 같은 윈드쉬어는 항공기의 비행경로와 속도에 영향을 줄 수 있고 어느 고도와 어느 방향에서나 발생 할 수 있기 때문에 항공기는 급격한 상승기류나 하강기류 또는 극심한 수평 바람 분력의 변화에 직면할 수 있는 매우 위험한 요소이다.

THEMA 61 우리나라의 기단

(1) 기단

주어진 고도에서, 온도와 습도 등 수평적으로 그 성질이 비슷한 큰 공기덩어리

(2) 우리 나라의 기단

① **시베리아 기단** : 우리나라 겨울철 날씨 지배, 대륙성 한대기단(cP), 날씨가 맑고 기온이 낮아짐. 삼한 사온의 원인, 북서 계절풍

② **양쯔강 기단** : 우리나라 봄과 가을 날씨에 영향, 온난 건조, 대륙성 열대기단(cT), 고기압 통과시는 날씨가 맑으나, 이동성 저기압 통과시는 흐림

③ **오호츠크 해 기단** : 우리나라 초여름 날씨에 영향, 해양성 한대기단(mP), 한랭 습윤, 장마 전선 형성, 높새바람의 원인

④ **북태평양 기단** : 우리나라 여름철 날씨 지배, 해양성 열대기단(mT), 온난 다습, 장마 전선 형성, 다습한 기후를 이룸, 남동 계절풍

⑤ **적도 기단** : 한여름, 고온 다습, 태풍의 형성

〈우리나라의 주변 기단〉

251 우리나라에 주로 봄·가을에 영향을 주며, 온난 건조한 성질을 가지는 기단은?

① 오호츠크해 기단   ② 양쯔강 기단

③ 북태평양 기단   ④ 시베리아 기단

기출빈도 ★★

252 │ 우리나라에 영향을 미치는 기단 중 해양성 한대 기단으로 불연속선의 장마전선을 이루어 초여름 장마기에 영향을 미치는 기단은?　기출빈도 ★★☆☆☆

① 시베리아 기단　　　　　　② 양쯔강 기단
③ 오호츠크 기단　　　　　　④ 북태평양 기단

253 │ 다음 중 여름철의 주요 기상현상에 아주 큰 영향을 주는 기단은?　기출빈도 ★★☆☆☆

① 양쯔강기단　　　　　　　② 시베리아기단
③ 적도기단　　　　　　　　④ 북태평양기단

254 │ 주로 봄과 가을에 이동성 고기압과 함께 동진해 와서 따뜻하고 건조한 일기를 나타내는 기단은?　기출빈도 ★★☆☆☆

① 오호츠크해기단　　　　　② 양쯔강기단
③ 북태평양기단　　　　　　④ 적도기단

255 │ 해양의 특성이 많은 습기를 함유하고 비교적 찬 공기 특성을 지니고 늦봄, 초여름에 높새바람과 장마전선을 동반한 기단은?　기출빈도 ★★☆☆☆

① 오호츠크해기단　　　　　② 양쯔강기단
③ 북태평양기단　　　　　　④ 적도기단

THEMA 62　전선의 종류

(1) 전선의 특징

① 전선 : 서로 다른 2개의 기단이 만나는 경계면이 지표면과 만나는 선

② 전선 주변의 날씨 : 두 공기의 성질이 다르므로 전선을 경계로 기온, 습도, 바람 등의 날씨 요소가 크게 변화하고, 전선면을 따라 따뜻한 공기가 찬공기 위로 상승하므로 구름이 생성되고 강수 현상 등 날씨 변화 발생

(2) 전선의 종류

① **온난전선** : 따뜻한 공기가 찬 공기 쪽으로 이동해 가서 만나게 되면 따뜻한 공기가 찬 공기 위로 올라가면서 전선을 형성하게 되는 것

② **한랭전선** : 찬 공기가 따뜻한 공기 쪽으로 이동해 가서 그 밑으로 쐐기처럼 파고 들어가 따뜻한 공기를 강제적으로 상승시킬 때에 만들어지는 전선

③ **폐색전선** : 한랭전선과 온난전선이 서로 겹쳐진 전선

④ **정체전선(장마전선)** : 온난전선과 한랭전선이 이동하지 않고 정체해 있는 전선, 남북에서 온난기단과 한랭기단이 대립

---

256 | 찬 공기 힘이 우세하여 찬 공기가 남쪽의 따뜻한 공기를 밀어내고 찬공기가 따뜻한 공기 아래로 들어가려고 할 때 생기는 전선은? 기출빈도 ★★☆☆☆

① 온난전선   ② 한랭전선
③ 정체전선   ④ 폐색전선

해설 **한랭전선** : 한랭한 기단이 온난한 기단으로 이동하면서 만들어지는 전선

---

257 | 다음 중 두 기단이 만나서 정체되는 전선을 고르면? 기출빈도 ★★☆☆☆

① 온난전선   ② 한냉전선
③ 정체전선   ④ 폐색전선

해설 **정체전선** : 차가운 기단과 따뜻한 기단의 세력이 비슷하여 한 지역에 오래 머무르는 전선으로서 비가 계속 내리는데, 우리나라 장마절의 장마 전선이 대표적이다.

THEMA 63   기상 관측과 전문(METAR)

(1) METAR 보고서

정시 10분전에 1시간 간격으로 실시하는 관측으로 당해 비행장 밖으로 전파

(2) 보고 형태, ICAO 관측소 식별 문자, 보고 일자 및 시간, 변경 수단, 바람 정보, 시정, 활주로 가시거리, 현재 기상, 하늘 상태, 온도 및 노점, 고도계, 비고(remarks)가 포함됨

(3) 기상 보고 용어

① 서술자 부호 : TS(뇌우), SH(소나기), FZ(결빙), BL(강풍), DR(낮은 편류), MI(얇음), BC(작은 구역), PR(부분적)

② 강수 부호 : RA(비), DZ(가랑비), SN(눈), SG(싸락눈), GR(우박), GS(작은 우박), PE(얼음싸라기), IC(빙정), UP(알려지지 않은 강수)

③ 시정 장애물 부호 : FG(시정 5/8SM 이하 안개), BR(시정 5/8SM ~ 6SM 박무), FU(연기), DU(먼지), PY(스프레이), SA(모래), HZ(연무), VA(화산재)

---

258 METAR 보고에서 바람 방향, 즉 풍향의 기준은? 　기출빈도 ★☆☆☆☆

① 자북　　　　　　　　② 진북
③ 도북　　　　　　　　④ 자북과 도북

해설 METAR에서 나타낸 풍향 · 풍속은 10분간 측정한 평균치를 뜻한다. 진북을 기준으로 하여 시계 방향으로 풍향을 나타낸다.

---

259 기상 보고에서 +RA FG가 의미하는 상태는? 　기출빈도 ★★☆☆☆

① 비가 내린 뒤 안개가 낌　　　② 소나기와 함께 안개가 낌
③ 싸락눈과 먼지가 많음　　　　④ 얼음싸라기와 연무가 발생

해설 RA(비), FG(시정 5/8SM 이하 안개)

CHAPTER 06

항공 법규

CHAPTER

06

항공 법규

THEMA 64

목적(항공안전법 제1조)

(1) 「국제민간항공협약」 및 같은 협약의 부속서에서 채택된 표준과 권고되는 방식에 따른다.

(2) 이 법은 「국제민간항공협약」 및 같은 협약의 부속서에서 채택된 표준과 권고되는 방식에 따라 항공기, 경량항공기 또는 초경량비행장치의 안전하고 효율적인 항행을 위한 방법과 국가, 항공사업자 및 항공종사자 등의 의무 등에 관한 사항을 규정함을 목적으로 한다.

---

260 | 우리나라 항공관련 법규(항공안전법, 항공사업법, 공항시설법)의 기본이 되는 국제법은? 기출빈도 ★★☆☆☆

① 미국의 항공법
② 중국의 항공법
③ 일본의 항공법
④ 「국제민간항공협약」 및 같은 협약의 부속서

---

261 | 우리나라 항공안전법의 목적으로 옳지 않은 것을 고르면? 기출빈도 ★★☆☆☆

① 선진국 민간항공사업에 대응한 국내 항공 산업을 보호
② 항공기의 안전한 항행 규정
③ 경량항공기의 효율적인 항행을 위한 방법 규정
④ 항공사업자 및 항공종사자의 의무 규정

262 다음 중 우리나라 항공안전법의 목적은?　　기출빈도 ★★☆☆☆

① 항공기의 안전한 항행과 항공운송사업 등의 질서 확립
② 국내 민간항공의 안전 항행과 발전 도모
③ 항공기 등 안정항행 기준을 법으로 정함
④ 국제 민간항공의 안전 항행과 발전 도모

THEMA 65 | 용어의 정의(항공안전법 제2조)

(1) 항공기

공기의 반작용으로 뜰 수 있는 기기로서 최대이륙중량, 좌석 수 등 국토교통부령으로 정하는 기준에 해당하는 기기와 그 밖에 대통령령으로 정하는 기기(비행기, 헬리콥터, 비행선, 활공기)

(2) 초경량비행장치

항공기와 경량항공기 외에 공기의 반작용으로 뜰 수 있는 장치로서 자체중량, 좌석 수 등 국토교통부령으로 정하는 기준에 해당하는 동력비행장치, 행글라이더, 패러글라이더, 기구류 및 무인비행장치 등

(3) 초경량비행장치의 기준(항공안전법 시행규칙 제5조)

① **동력비행장치** : 동력을 이용하는 것으로서 다음 각 목의 기준을 모두 충족하는 고정익 비행장치
　㉠ 탑승자, 연료 및 비상용 장비의 중량을 제외한 <u>자체중량이 115kg 이하일 것</u>
　㉡ <u>좌석이 1개일 것</u>
② **행글라이더** : 탑승자 및 비상용 장비의 중량을 제외한 <u>자체중량이 70kg 이하</u>로서 체중이동, 타면조종 등의 방법으로 조종하는 비행장치
③ **패러글라이더** : 탑승자 및 비상용 장비의 중량을 제외한 <u>자체중량이 70kg 이하</u>로서 날개에 부착된 줄을 이용하여 조종하는 비행장치

answer 260 ④ 261 ① 262 ①

④ 기구류 : 기체의 성질·온도차 등을 이용하는 비행장치(유인자유기구 또는 무인자유기구, 계류식 기구)

⑤ 무인비행장치 : 사람이 탑승하지 아니하는 비행장치

　　㉠ 무인동력비행장치 : 연료의 중량을 제외한 <u>자체중량이 150kg 이하</u>인 무인비행기, 무인헬리콥터 또는 무인멀티콥터

　　㉡ 무인비행선 : 연료의 중량을 제외한 <u>자체중량이 180kg 이하</u>이고 길이가 20m 이하인 무인비행선

⑥ 회전익비행장치 : 동력비행장치의 요건을 갖춘 헬리콥터 또는 자이로플레인

⑦ 동력패러글라이더 : 패러글라이더에 추진력을 얻는 장치를 부착한 비행장치

⑧ 낙하산류 : 항력(항력)을 발생시켜 대기(대기) 중을 낙하하는 사람 또는 물체의 속도를 느리게 하는 비행장치

⑨ 그 밖에 국토교통부장관이 종류, 크기, 중량, 용도 등을 고려하여 정하여 고시하는 비행장치

⑷ <u>항공업무</u>

① 항공기의 운항(무선설비의 조작을 포함) 업무(항공기 조종연습은 제외)

② 항공교통관제(무선설비의 조작을 포함) 업무(항공교통관제연습은 제외)

③ 항공기의 운항관리 업무

④ 정비·수리·개조된 항공기·발동기·프로펠러, 장비품 또는 부품에 대하여 안전하게 운용할 수 있는 성능이 있는지를 확인하는 업무

⑸ <u>초경량비행장치사고</u>

초경량비행장치를 사용하여 비행을 목적으로 이륙하는 순간부터 착륙하는 순간까지 발생한 사건으로서 국토교통부령으로 정하는 것

⑹ <u>비행정보구역</u>

항공기, 경량항공기 또는 초경량비행장치의 안전하고 효율적인 비행과 수색 또는 구조에 필요한 정보를 제공하기 위한 공역

(7) 항공로

국토교통부장관이 항공기, 경량항공기 또는 초경량비행장치의 항행에 적합하다고 지정한 지구의 표면상에 표시한 공간의 길

(8) 비행장(「공항시설법」 제2조제2호)

항공기·경량항공기·초경량비행장치의 이륙과 착륙을 위하여 사용되는 육지 또는 수면의 일정한 구역으로서 대통령령으로 정하는 것

(9) 항행안전시설(「공항시설법」 제2조제15호)

유선통신, 무선통신, 인공위성, 불빛, 색채 또는 전파를 이용하여 항공기의 항행을 돕기 위한 시설로서 국토교통부령으로 정하는 시설

(10) 관제권

비행장 또는 공항과 그 주변의 공역으로서 항공교통의 안전을 위하여 국토교통부장관이 지정·공고한 공역

(11) 관제구

지표면 또는 수면으로부터 200m 이상 높이의 공역으로서 항공교통의 안전을 위하여 국토교통부장관이 지정·공고한 공역

(12) 이착륙장(「공항시설법」 제2조제19호)

비행장 외에 경량항공기 또는 초경량비행장치의 이륙 또는 착륙을 위하여 사용되는 육지 또는 수면의 일정한 구역으로서 대통령령으로 정하는 것

263 | 항공안전법에서 정한 용어의 정의로 옳은 것을 고르면?

① 관제구라 함은 평균해수면으로부터 500m 이상 높이의 공역으로서 항공교통의 통제를 위하여 지정된 공역을 말한다.

② 항공등화라 함은 전파, 불빛. 색채 등으로 항공기 항행을 돕기 위한 시설을 말한다.

③ 관제권이라 함은 비행장 및 그 주변의 공역으로서 항공교통의 안전을 위하여 지정된 공역을 말한다.

④ 항행안전시설이라 함은 전파에 의해서만 항공기 항행을 돕기 위한 사실을 말한다.

264 | 초경량비행장치 중 자체중량에 대한 설명으로 옳지 않은 것은? 기출빈도 ★★★★

① 동력패러글라이더는 연료 및 비상장비 중량을 제외한 자체 중량 115kg 이하이다.

② 초경량헬리콥터는 연료 및 비상장비 중량을 제외한 자체 중량 115kg 이하이다.

③ 무인비행기는 연료 및 비상장비 중량을 제외한 자체 중량 115kg 이하이다.

④ 초경량자이로플레인은 연료 및 비상장비 중량을 제외한 자체 중량 115kg 이하이다.

해설 • **무인비행장치** : 사람이 탑승하지 아니하는 비행장치
  • **무인동력비행장치** : 연료의 중량을 제외한 자체중량이 150kg 이하인 무인비행기, 무인헬리콥터 또는 무인멀티콥터
  • **무인비행선** : 연료의 중량을 제외한 자체중량이 180kg 이하이고 길이가 20m 이하인 무인비행선

265 | 항공안전법에서 정의한 항공업무에 해당되지 않는 내용은? 기출빈도 ★☆☆☆☆

① 항공기의 운항   ② 항공교통관제 업무

③ 항공기 조종연습   ④ 항공기 운항관리 업무

THEMA 66 초경량 비행장치의 신고(항공안전법 122조/항공안전법 시행규칙 301조)

(1) 신고대상

초경량비행장치(무인동력비행장치) 중에서 사업용 또는 최대이륙중량 2kg 초과 인 것

(2) 장소

한국교통안전공단이 장치의 종류, 용도, 소유자 성명, 개인정보 및 개인위치정보의 수집가능 여부 등을 등록하고 일괄 관리

(3) 신고 시 제출 서류

① 초경량비행장치를 소유하거나 사용할 수 있는 권리가 있음을 증명하는 서류

② 초경량비행장치의 제원 및 성능표

③ 초경량비행장치의 사진(가로 15cm, 세로 10cm의 측면사진)

④ 제작번호 촬영 사진

(4) 한국교통안전공단 이사장은 신고를 받은 날부터 7일 이내에 수리 여부 또는 수리 지연 사유를 통지하여야 한다.

---

266 초경량비행장치 신고번호의 부여방법, 표시방법 등에 관한 내용의 지정권자는?

① 국방부장관   ② 한국교통안전공단 이사장   `기출빈도 ★★★`

③ 관할 지방항공청장   ④ 항공교통관제소장

해설 초경량비행장치 신고(항공안전법 시행규칙 제301조)

---

267 초경량비행장치의 기체 등록은 누구에게 신청하는가?   `기출빈도 ★★★`

① 한국교통안전공단 이사장   ② 관할 지방경찰청장

③ 항공교통관제소장   ④ 관할 지방항공청장

해설 초경량비행장치의 기체 등록은 한국교통안전공단 이사장에게 한다.

---

answer 263 ③   264 ③   265 ③   266 ②   267 ①

268 | 초경량비행장치 신고와 관련된 내용으로 틀린 것은? `기출빈도 ★★★☆☆`

① 한국교통안전공단 이사장은 신고를 받은 날부터 7일 이내에 수리 여부 또는 수리 지연 사유를 통지하여야 한다.
② 신고서 및 첨부 서류는 팩스 또는 정보통신을 이용하여 제출할 수 있다.
③ 초경량비행장치소유자등은 초경량비행장치 신고증명서의 신고번호를 해당 장치에 표시하여야 하며, 표시방법, 표시장소 및 크기 등 필요한 사항은 과학기술정보통신부장관이 정한다.
④ 초경량비행장치소유자등은 안전성인증을 받기 전까지 초경량비행장치 신고서와 필요한 문서들을 첨부하여 한국교통안전공단 이사장에게 제출하여야 한다.

`해설` 초경량비행장치소유자등은 초경량비행장치 신고증명서의 신고번호를 해당 장치에 표시하여야 하며, 표시방법, 표시장소 및 크기 등 필요한 사항은 한국교통안전공단 이사장이 정한다.

269 | 초경량비행장치를 소유한 자가 한국교통안전공단 이사장에게 신고할 때 첨부하여야 할 목록이 아닌 것은? `기출빈도 ★★★☆☆`

① 제원 및 성능표
② 초경량동력비행장치를 소유하고 있음을 증명하는 서류
③ 초경량동력비행장치의 설계도, 설계 개요서, 부품목록
④ 비행안전을 확보하기 위한 기술상의 기준에 적합함을 증명하는 서류

270 | 다음 중 한국교통안전공단 이사장에게 기체 신고 시 필요 없는 내용은? `기출빈도 ★★★`

① 초경량비행장치의 사진
② 초경량비행장치를 소유하거나 사용할 수 있는 권리가 있음을 증명하는 서류
③ 초경량비행장치의 제원 및 성능표
④ 초경량비행장치의 제작자

THEMA 67 신고를 필요로 하지 아니하는 초경량 비행장치(항공안전법 시행령 24조)

(1) 행글라이더, 패러글라이더 등 동력을 이용하지 아니하는 비행장치

(2) 계류식 기구류(사람이 탑승하는 것은 제외)

(3) 계류식 무인비행장치

(4) 낙하산류

(5) 무인동력비행장치 중에서 최대이륙중량 2kg 이하인 것

(6) 무인비행선 중에서 연료의 무게를 제외한 자체무게가 12kg 이하이고, 길이가 7m 이하인 것

(7) 연구기관 등이 시험·조사·연구 또는 개발을 위하여 제작한 초경량비행장치

(8) 제작자 등이 판매를 목적으로 제작하였으나 판매되지 아니한 것으로서 비행에 사용되지 아니하는 초경량비행장치

(9) 군사목적으로 사용되는 초경량비행장치

---

271 다음 중 신고를 필요로 하는 초경량 비행장치를 고르면? `기출빈도 ★★★`

① 동력을 이용하지 아니하는 비행장치
② 계류식 기구류
③ 무인비행선중 길이가 7m 이하가 되지 아니한 것으로 비행에 사용하지 아니한 초경량비행장치
④ 패러글라이더

`해설` 무인비행선 중에서 연료의 무게를 제외한 자체무게가 12kg 이하이고, 길이가 7m 이하인 것

---

272 신고를 필요로 하지 않는 초경량비행장치의 범위에 들지 않는 것은? `기출빈도 ★★★`

① 계류식 기구류
② 낙하산류
③ 동력을 이용하지 아니하는 비행장치
④ 프로펠러로 추진력을 얻는 것

`answer` 268 ③ 269 ③ 270 ④ 271 ③ 272 ④

273 | 신고를 필요로 하지 않는 초경량비행장치에 해당하지 않는 것은? 기출빈도 ★★★☆☆

① 동력을 이용하지 아니하는 비행장치
② 계류식 기구류
③ 낙하산류
④ 초경량헬리콥터

274 | 다음 중 신고를 필요로 하지 아니하는 초경량비행장치는? 기출빈도 ★★★☆☆

① 계류식 무인비행장치
② 7m를 초과하는 무인비행선
③ 초경량 헬리콥터
④ 사용하지 않고 보관해 놓은 무인비행기

275 | 항공법 상 신고를 필요로 하지 않는 초경량비행장치의 범위가 아닌 것은? 기출빈도 ★★★

① 낙하산류
② 동력을 이용하지 아니하는 비행장치
③ 무인비행기 및 무인회전익 비행장치 중에서 최대이륙중량 2kg 이하인 것
④ 군사 목적으로 사용되지 아니하는 초경량비행장치

276 | 다음 비행장치 중 사용하기 위해서 신고가 필요하지 않은 장비에 속하지 않는 것은? 기출빈도 ★★★☆☆

① 행글라이더, 패러글라이더 등 동력을 이용하지 아니하는 비행장치
② 계류식 무인비행장치
③ 항공레저스포츠사업에 사용하는 낙하산류
④ 연구기관 등이 시험·조사 연구 또는 개발을 위하여 제작한 초경량비행장치

초경량비행장치 변경/말소 신고 (항공안전법 시행규칙 302, 303조)

(1) 초경량비행장치 변경신고

① 변경 사항

ㄱ 초경량비행장치의 용도

ㄴ 초경량비행장치 소유자등의 성명, 명칭 또는 주소

ㄷ 초경량비행장치의 보관 장소

② 그 사유가 있는 날부터 30일 이내에 변경·이전신고서를 한국교통안전공단 이사장에게 제출하여야 한다.

(2) 초경량비행장치 말소신고

그 사유가 발생한 날부터 15일 이내에 별지 제116호서식의 초경량비행장치 말소신고서를 한국교통안전공단 이사장에게 제출하여야 한다.

---

277 초경량비행장치 말소신고에 대한 설명으로 틀린 것은?

① 말소신고를 하려는 초경량비행장치 소유자등은 그 사유가 발생한 날부터 5일 이내에 신고하여야 한다.

② 한국교통안전공단 이사장은 최고(催告)를 하는 경우 해당 초경량비행장치의 소유자등의 주소 또는 거소를 알 수 없는 경우에는 말소신고를 할 것을 관보에 고시하고, 한국교통안전공단 홈페이지에 공고하여야 한다.

③ 한국교통안전공단 이사장은 신고서 및 첨부서류에 흠이 없고 형식상 요건을 충족하는 경우 지체 없이 접수하여야 한다.

④ 말소신고를 하려는 초경량비행장치 소유자등은 초경량비행장치 말소신고서를 한국교통안전공단 이사장에게 제출하여야 한다.

해설 말소신고를 하려는 초경량비행장치 소유자등은 그 사유가 발생한 날부터 15일 이내에 초경량비행장치 말소신고서를 한국교통안전공단 이사장에게 제출하여야 한다.

278 | 초경량비행장치의 변경신고는 사유발생일로부터 며칠 이내에 신고하여야 하는가?

① 30일   ② 60일

③ 90일   ④ 180일

해설 변경신고는 사유발생일로부터 30일 이내 실시해야한다.

---

279 | 초경량비행장치의 말소신고의 설명 중 옳지 않은 것은?   기출빈도 ★★

① 사유 발생일로부터 30일 이내에 신고하여야 한다.

② 비행장치의 존재 여부가 2개월 이상 불분명할 경우 실시한다.

③ 비행장치가 외국에 매도된 경우 실시한다.

④ 비행장치가 멸실된 경우 실시한다.

해설 그 사유가 발생한 날부터 15일 이내에 한국교통안전공단 이사장에게 말소신고를 하여야 한다.

---

280 | 초경량비행장치의 멸실 등의 사유로 신고를 말소할 경우에 그 사유가 발생한 날부터 며칠 이내에 지방항공청장에게 말소 신고서를 제출하여야 하는가?   기출빈도 ★★★★☆

① 5일   ② 10일

③ 15일   ④ 30일

---

281 | 초경량비행장치 소유자의 성명 및 주소변경 시 신고기간은?   기출빈도 ★★★★

① 15일   ② 30일

③ 60일   ④ 90일

초경량비행장치의 시험비행 허가 신청(항공안전법 시행규칙 304호)

(1) 초경량비행장치의 시험비행허가 대상

① 연구·개발 중에 있는 초경량비행장치의 안전성 여부를 평가하기 위하여 시험비행을 하는 경우

② 안전성인증을 받은 초경량비행장치의 성능개량을 수행하고 안전성여부를 평가하기 위하여 시험비행을 하는 경우

③ 그 밖에 국토교통부장관이 필요하다고 인정하는 경우

(2) 초경량비행장치의 시험비행허가 서류

① 해당 초경량비행장치에 대한 소개서

② 초경량비행장치의 설계가 초경량비행장치 기술기준에 충족함을 입증하는 서류

③ 설계도면과 일치되게 제작되었음을 입증하는 서류

④ 완성 후 상태, 지상 기능점검 및 성능시험 결과를 확인할 수 있는 서류

⑤ 초경량비행장치 조종절차 및 안전성 유지를 위한 정비방법을 명시한 서류

⑥ 초경량비행장치 사진(전체 및 측면사진을 말하며, 전자파일로 된 것을 포함한다) 각 1매

⑦ 시험비행계획서

---

282 비행제한공역에서 초경량비행장치를 비행하고자 할 때 허가를 받기 위해 작성해야하는 서류는 무엇이며 누구한테 제출하여야 하는가? **기출빈도 ★☆☆☆☆**

① 무인비행장치 특별비행승인서, 지방항공청장
② 초경량비행장치 비행승인신청서, 항공작전사령관
③ 초경량비행장치 비행승인신청서, 지방항공청장
④ 무인비행장치 특별비행승인서, 항공작전사령관

283 초경량비행장치의 비행계획승인 신청 시 포함되지 않는 서류는? **기출빈도 ★☆☆☆☆**

① 비행경로 및 고도　　　　② 동승자의 자격 소지
③ 조종자의 비행경력　　　　④ 비행장의 종류 및 형식

초경량비행장치 안전성인증(항공안전법 124조/항공안전법 시행규칙 305조)

(1) 초경량비행장치 안전성인증 대상

① 동력비행장치(연료제외 자체중량 115kg 이하, 1인승)

② 행글라이더, 패러글라이더 및 낙하산류(항공레저스포츠사업에 사용되는 것만 해당한다. 행글라이더와 패러글라이더는 자체중량 70kg 이하)

③ 기구류(사람이 탑승하는 것만 해당)

④ 다음에 해당하는 무인비행장치

    ㉠ 무인비행기, 무인헬리콥터 또는 무인멀티콥터 중에서 <u>최대이륙중량이 25kg을 초과하는 것</u>(연료제외 자체중량 150kg 이하)

    ㉡ 무인비행선 중에서 연료의 중량을 제외한 자체중량이 12kg을 초과하거나 길이가 7m를 초과하는 것(연료제외 자체중량 180kg 이하, 길이 20m 이하)

⑤ 회전익비행장치(연료제외 자체중량 115kg 이하, 1인승)

⑥ 동력패러글라이더(착륙장치가 있는 경우 연료제외 자체중량 150kg 이하, 1인승)

(2) 안전성인증의 유효기간

사업자와 개인 모두 2년마다 정기검사를 받아야 함, <u>안전성인증검사 담당 기관(항공안전기술원)</u>

(3) 검사의 종류

① <u>초도검사</u> : 국내에서 설계·제작하거나 외국에서 국내로 도입한 초경량비행장치를 사용하여 비행하기 위하여 최초로 안전성인증을 받기 위하여 실시하는 검사

② 정기검사 : 안전성인증의 유효기간 만료일이 도래되어 새로운 안전성인증을 받기 위하여 실시하는 검사

③ 수시검사 : 초경량비행장치의 비행안전에 영향을 미치는 대수리 또는 대개조 후 초경량비행장치 기술기준에 적합한지를 확인하기 위하여 실시하는 검사

④ 재검사 : 초도검사, 정기검사 또는 수시검사에서 기술기준에 부적합한 사항에 대하여 정비한 후 다시 실시하는 검사

284 | 초경량비행장치의 설계 및 제작 후 최초로 안전성 인증을 받기 위해 행하는 검사는?

① 초도검사　　　　　　　　② 정기검사　　　　기출빈도 ★☆☆☆☆

③ 수시검사　　　　　　　　④ 재검사

285 | 다음 중 초경량비행장치 무인 멀티콥터의 안정성인증을 실시하는 기관은?　기출빈도 ★☆☆☆☆

① 교통안전공단　　　　　　② 지방항공청

③ 항공안전기술원　　　　　④ 국방부

286 | 초경량비행장치 중 안전성인증 대상이 아닌 기체를 고르면?　기출빈도 ★☆☆☆☆

① 회전익비행장치

② 사람이 탑승하지 않는 기구류

③ 동력비행장치

④ 항공레저스포츠사업에 사용되는 행글라이더

287 | 초경량비행장치 중 국토교통부장관이 고시한 비행 안전을 위한 기술상의 기준에 적합하다는 증명을 받지 않아도 되는 종류는?　기출빈도 ★☆☆☆☆

① 무인비행선(12kg 이하)　　② 동력비행장치

③ 회전익비행장치　　　　　④ 유인자유기구

288 | 다음 중 초경량비행장치 비행 안전성 인증대상이 아닌 것은?　기출빈도 ★☆☆☆☆

① 무인기구류　　　　　　　② 착륙장치가 없는 동력패러글라이더

③ 무인비행장치　　　　　　④ 회전익비행장치

조종자 증명(항공안전법 125조/제306조)

(1) 초경량비행장치 자격증명 응시자격(조종자)

① **연령제한** : 만 14세 이상

② 운전면허 또는 신체검사 증명 소지자로서 해당 비행장치의 총 비행경력 20시간 이상인자

③ 무인 헬리콥터 조종자 증명을 받은 사람으로서 무인 멀티콥터를 조종한 시간이 총 10시간 이상인 사람

④ **자격 취득 절차** : 학과시험 → 비행교육이수 → 비행경력증명발급 → 실기시험

(2) 초경량비행장치 자격증명 응시자격(지도조종자)

① **연령제한** : 만 18세 이상

② 지도 조종자 자격기준(무인비행장치 총 비행경력 100시간), 실기평가 지도 조종자 자격기준(무인비행장치 총 비행경력 150시간)

③ **자격 취득 절차** : 100시간 비행 경력 준비 → 비행경력증명 → 교관과정 이수(공단 항공안전처) → 지도조종자 등록(공단 항공시험처)

(3) 초경량비행장치 조종자 증명을 취소하거나 또는 1년 이내의 기간을 정하여 효력의 정지를 명할 수 있는 경우(다만, 제1호, 제3호의2, 제3호의3, 제7호 또는 제8호의 어느 하나에 해당하는 경우에는 초경량비행장치 조종자 증명을 취소)

① 거짓이나 그 밖의 부정한 방법으로 초경량비행장치 조종자 증명을 받은 경우

② 이 법을 위반하여 벌금 이상의 형을 선고받은 경우

③ 초경량비행장치의 조종자로서 업무를 수행할 때 고의 또는 중대한 과실로 초경량비행장치사고를 일으켜 인명피해나 재산피해를 발생시킨 경우

③-2 다른 사람에게 자기의 성명을 사용하여 초경량비행장치 조종을 수행하게 하거나 초경량비행장치 조종자 증명을 빌려 준 경우

③-3 다음 각 목의 어느 하나에 해당하는 행위를 알선한 경우

- 다른 사람에게 자기의 성명을 사용하여 초경량비행장치 조종을 수행하게 하거나 초경량비행장치 조종자 증명을 빌려 주는 행위

- 다른 사람의 성명을 사용하여 초경량비행장치 조종을 수행하거나 다른 사람의 초경량비행장치 조종자 증명을 빌리는 행위

④ 인명이나 재산에 피해가 발생하지 않도록 국토교통부령으로 정한 초경량비행장치 조종자의 준수사항을 위반한 경우

⑤ 주류등의 영향으로 초경량비행장치를 사용하여 비행을 정상적으로 수행할 수 없는 상태에서 초경량비행장치를 사용하여 비행한 경우

⑥ 초경량비행장치를 사용하여 비행하는 동안에 주류등을 섭취하거나 사용한 경우

⑦ 주류 등의 섭취 및 사용 여부의 측정 요구에 따르지 아니한 경우

⑧ 초경량비행장치 조종자 증명의 효력정지기간에 초경량비행장치를 사용하여 비행한 경우

(4) 초경량비행장치의 조종자 증명

① 동력비행장치 등 국토교통부령으로 정하는 초경량비행장치

　㉠ 동력비행장치

　㉡ 행글라이더, 패러글라이더 및 낙하산류(항공레저스포츠사업에 사용되는 것만 해당)

　㉢ 유인자유기구

　㉣ 무인비행장치. 다만 다음 각 목의 어느 하나에 해당하는 것은 제외한다.

　　가. 무인비행기, 무인헬리콥터 또는 무인멀티콥터 중에서 연료의 중량을 포함한 최대이륙중량이 250그램 이하인 것

　　나. 무인비행선 중에서 연료의 중량을 제외한 자체중량이 12킬로그램 이하이고, 길이가 7미터 이하인 것

　㉤ 회전익비행장치

　㉥ 동력패러글라이더

② 무인동력비행장치에 대한 자격기준, 시험실시 방법 및 절차 등은 다음의 구분에 따른 무인동력비행장치별로 구분하여 달리 정해야 한다.

　㉠ 1종 무인동력비행장치 : 최대이륙중량이 25킬로그램을 초과하고 연료의 중량을 제외한 자체중량이 150킬로그램 이하인 무인동력비행장치

　㉡ 2종 무인동력비행장치 : 최대이륙중량이 7킬로그램을 초과하고 25킬로그램 이하인 무인동력비행장치

　㉢ 3종 무인동력비행장치 : 최대이륙중량이 2킬로그램을 초과하고 7킬로그램 이하인 무인동력비행장치

　㉣ 4종 무인동력비행장치 : 최대이륙중량이 250그램을 초과하고 2킬로그램 이하인 무인동력비행장치

289 초경량비행장치 조종자격증명 취득의 설명으로 옳은 것은? `기출빈도 ★★★★☆`

① 자격증명 취득 연령은 만 14세, 교관 조종자격증명은 만 18세 이상이다.
② 자격증명과 교관 조종자격증명 취득 연령은 모두 만 14세 이상이다.
③ 자격증명과 교관 조종자격증명 취득 연령은 모두 만 20세 이상이다.
④ 자격증명 취득 연령은 만 14세, 교관 조종자격증명은 만 25세 이상이다.

해설 조종자 자격증명 취득 연령은 만 14세, 교관 조종자격증명은 만 18세 이상이다.

290 다음 위반사항 중 초경량비행장치 조종자증명을 취소해야만 하는 경우는? `기출빈도 ★☆☆☆☆`

① 주류등의 영향으로 초경량비행장치를 사용하여 비행을 정상적으로 수행할
수 없는 상태에서 초경량비행장치를 사용하여 비행한 경우
② 거짓이나 그 밖의 부정한 방법으로 초경량비행장치 조종자 증명을 받은 경우
③ 초경량비행장치 조종자의 준수사항을 위반한 경우
④ 초경량비행장치의 조종자로서 업무를 수행할 때 고의 또는 중대한 과실로
초경량비행장치 사고를 일으켜 인명피해나 재산피해를 발생시킨 경우

291 초경량비행장치 조종자 자격증명 시험 응시 연령은? `기출빈도 ★★★★☆`

① 만 13세   ② 만 14세
③ 만 15세   ④ 만 16세

THEMA 72   **벌칙/과태료**(항공안전법 161조, 166조/항공안전법 시행령 별표 5)

(1) 초경량비행장치 불법 사용 등의 죄

① 3년 이하의 징역 또는 3천만원 이하의 벌금

  ㉠ 주류등의 영향으로 초경량비행장치를 사용하여 비행을 정상적으로 수행할 수 없는
  상태에서 초경량비행장치를 사용하여 비행을 한 사람
  ㉡ 초경량비행장치를 사용하여 비행하는 동안에 주류등을 섭취하거나 사용한 사람
  ㉢ 국토교통부장관의 측정 요구에 따르지 아니한 사람

② 1년 이하의 징역 또는 1천만원 이하의 벌금 : 비행안전을 위한 기술상의 기준에 적합하다는 안전성인증을 받지 아니한 초경량비행장치를 사용하여 초경량비행장치 조종자 증명을 받지 아니하고 비행을 한 사람

③ 6개월 이하의 징역 또는 500만원 이하의 벌금 : 초경량비행장치의 신고 또는 변경신고를 하지 아니하고 비행을 한 자

④ 500만원 이하의 벌금 : 국토교통부장관의 승인을 받지 아니하고 초경량비행장치 비행제한공역을 비행한 사람, 국토교통부장관의 승인을 받지 아니하고 초경량비행장치를 이용하여 관제권에서 비행함으로써 항공기 이착륙을 지연시키거나 회항하게 하는 등 비행장 운영에 지장을 초래한 사람, 국토교통부장관의 허가를 받지 아니하고 무인자유기구를 비행시킨 사람

(2) 과태료

① 500만원 이하의 과태료 : 초경량비행장치의 비행안전을 위한 기술상의 기준에 적합하다는 안전성인증을 받지 아니하고 비행한 사람, 국토교통부장관의 승인을 받지 아니하고 초경량비행장치를 이용하여 관제권에서 비행함으로써 항공기 이착륙을 지연시키거나 회항하게 하는 등 비행장 운영에 지장을 초래한 사람

② 400만원 이하의 과태료 : 초경량비행장치 조종자 증명을 받지 아니하고 초경량비행장치를 사용하여 비행을 한 사람

③ 300만원 이하의 과태료 : 초경량비행장치 조종자 증명을 빌려 준 사람, 초경량비행장치 조종자 증명을 빌린 사람, 위행위를 알선한 사람, 국토교통부령으로 정하는 준수사항을 따르지 아니하고 초경량비행장치를 사용하여 비행한 사람, 국토교통부장관이 승인한 범위 외에서 비행한 사람

④ 200만원 이하의 과태료 : 변경등록 또는 말소등록의 신청을 하지 아니한 자

⑤ 100만원 이하의 과태료 : 신고번호를 해당 초경량비행장치에 표시하지 아니하거나 거짓으로 표시한 초경량비행장치소유자, 국토교통부령으로 정하는 장비를 장착하거나 휴대하지 아니하고 초경량비행장치를 사용하여 비행을 한 자

⑥ 30만원 이하의 과태료 : 초경량비행장치의 말소신고를 하지 아니한 초경량비행장치소유자, 초경량비행장치사고에 관한 보고를 하지 아니하거나 거짓으로 보고한 초경량비행장치 조종자 또는 그 초경량비행장치소유자등

(3) 개별 벌금 기준(★)

(단위 : 만원)

위반행위	과태료 금액		
	1차 위반	2차 위반	3차 이상 위반
신고번호를 해당 초경량비행장치에 표시하지 않거나 거짓으로 표시한 경우	50	75	100
초경량비행장치의 말소신고를 하지 않은 경우	15	22.5	30
비행안전을 위한 기술상의 기준에 적합하다는 안전성인증을 받지 않고 비행한 경우	250	375	500
조종자 증명을 받지 않고 초경량비행장치를 사용하여 비행을 한 경우	200	300	400
다른 사람에게 자기의 성명을 사용하여 초경량비행장치 조종을 수행하게 하거나 초경량비행장치 조종자 증명을 빌려 준 경우, 다른 사람의 성명을 사용하여 초경량비행장치 조종을 수행하거나 다른 사람의 초경량비행장치 조종자 증명을 빌린 경우	150	225	300
국토교통부장관의 승인을 받지 않고 초경량비행장치를 이용하여 비행한 경우	150	225	300
장비를 장착하거나 휴대하지 않고 초경량비행장치를 사용하여 비행을 한 경우	50	75	100
국토교통부령으로 정하는 준수사항을 따르지 않고 초경량비행장치를 이용하여 비행한 경우	150	225	300
초경량비행장치 사고에 관한 보고를 하지않거나 거짓으로 보고한 경우	15	22.5	30
국토교통부장관이 승인한 범위 외에서 비행한 경우	150	225	300

292 | 주류등의 영향으로 초경량비행장치를 사용하여 비행을 정상적으로 수행할 수 없는 상태에서 초경량비행장치를 사용하여 비행을 한 사람의 벌금액은 얼마인가? 기출빈도 ★★★

① 500만원 ② 1,000만원
③ 2,000만원 ④ 3,000만원

> **해설** 3년 이하의 징역 또는 3천만원 이하의 벌금 : 주류등의 영향으로 초경량비행장치를 사용하여 비행을 정상적으로 수행할 수 없는 상태에서 초경량비행장치를 사용하여 비행을 한 사람

293 | 변경신고를 하지 아니한 자에게 부과되는 벌금은? 기출빈도 ★★★

① 100만원 ② 200만원
③ 300만원 ④ 500만원

해설 6개월 이하의 징역 또는 500만원 이하의 벌금 : 초경량비행장치의 신고 또는 변경신고를 하지
아니하고 비행을 한 자

294 │ 조종자 준수사항 위반 시 1차 과태료를 고르면? 기출빈도 ★★★★

① 5만원 ② 50만원
③ 100만원 ④ 150만원

해설 국토교통부령으로 정하는 준수사항을 따르지 않고 초경량비행장치를 이용하여 비행한 경우 : 1차
(100), 2차(150), 3차(200)

295 │ 다음 초경량 비행장치 조종에 대한 위반사항 중 벌금액이 가장 높은 경우는? 기출빈도 ★★★★

① 주류등의 영향으로 초경량비행장치를 사용하여 비행을 정상적으로 수행할
수 없는 상태에서 초경량비행장치를 사용하여 비행을 한 사람
② 국토교통부장관의 승인을 받지 아니하고 초경량비행장치 비행제한공역을
비행한 사람
③ 초경량비행장치의 신고 또는 변경신고를 하지 아니하고 비행을 한 자
④ 국토교통부장관의 허가를 받지 아니하고 무인자유기구를 비행시킨 사람

해설 ① 3년 이하의 징역 또는 3천만원 이하의 벌금, ② 500만원 이하의 벌금, ③ 6개월 이하의 징역
또는 500만원 이하의 벌금, ④ 500만원 이하의 벌금

296 │ 안전성인증검사를 받지 않은 초경량비행장치를 비행에 사용하다 적발되었을 경우 부
과 되는 과태료는? 기출빈도 ★★★

① 200만원 이하의 벌금 ② 300만원 이하의 벌금
③ 400만원 이하의 벌금 ④ 500만원 이하의 벌금

해설 500만원 이하의 과태료 : 초경량비행장치의 비행안전을 위한 기술상의 기준에 적합하다는 안전
성인증을 받지 아니하고 비행한 사람

297 │ 비행제한구역을 비행승인 없이 비행할 경우의 범칙금은? 기출빈도 ★★★★

① 200만원 ② 300만원
③ 500만원 ④ 400만원

298 다음 중 가장 큰 금액의 과태료는? 기출빈도 ★★★★

① 말소신고를 하지 않은 자.
② 국토교통부장관의 승인을 받지 않고 초경량비행장치를 이용하여 비행한 자
③ 조종자 자격증명 없이 초경량 비행장치를 비행한 자.
④ 안전성 인증을 받지 않고 비행한 자.

> **[해설]** ① 30만원 이하의 과태료, ② 300만원 이하의 과태료, ③ 400만원 이하의 과태료, ④ 500만원 이하의 과태료

299 말소 신고를 하지 않았을 시 최대 과태료는? 기출빈도 ★★★★

① 5만 원   ② 15만 원
③ 30만 원   ④ 50만 원

> **[해설]** **30만원 이하의 과태료** : 초경량비행장치의 말소신고를 하지 아니한 초경량비행장치소유자, 초경량비행장치사고에 관한 보고를 하지 아니하거나 거짓으로 보고한 초경량비행장치 조종자 또는 그 초경량비행장치소유자등

300 다음 과태료의 금액이 가장 작은 위반 행위는? 기출빈도 ★★★★

① 조종자 준수사항을 따르지 않고 비행한 경우의 1차 과태료
② 조종자 증명을 받지 않고 초경량비행장치를 사용하여 비행한 경우의 1차 과태료
③ 비행안전의 안전성 인증을 받지 않고 비행한 경우의 1차 과태료
④ 초경량비행장치의 말소신고를 하지 않은 경우의 1차 과태료

THEMA 73 초경량비행장치 전문교육기관(항공안전법 126조/항공안전법 시행규칙 307호)

(1) 초경량비행장치 전문교육기관의 지정권자

국토교통부장관

(2) 초경량비행장치 전문교육기관 제출 서류

전문교관의 현황, 교육시설 및 장비의 현황, 교육훈련계획 및 교육훈련규정

(3) 초경량비행장치 조종자 전문교육기관 지정기준

① 지도조종자 1명 이상 : 무인비행장치의 경우 조종경력이 <u>100시간 이상</u>

② 실기평가조종자 1명 이상 : 무인비행장치의 경우 조종경력이 <u>150시간 이상</u>

(4) 초경량비행장치 조종자 전문교육기관의 시설 및 장비기준

① 강의실 및 사무실 각 1개 이상

② 이륙·착륙 시설

③ 훈련용 비행장치 1대 이상

④ 교육과목, 교육시간, 평가방법 및 교육훈련규정 등 교육훈련에 필요한 사항으로서 국
토교통부장관이 정하여 고시하는 기준을 갖출 것

---

301 │ 초경량비행장치 조종자 전문교육기관의 시설 및 장비기준으로 옳지 않은 것은?

① 드론 수리용 시설 　기출빈도 ★★☆☆☆

② 강의실 및 사무실 각 1개 이상

③ 이륙·착륙 시설

④ 훈련용 비행장치 1대 이상

---

302 │ 다음 중 초경량비행장치 조종자 전문교육기관 지정기준으로 맞는 것은? 기출빈도 ★★☆☆☆

① 비행시간이 100시간 이상인 지도조종자 1명 이상 보유

② 비행시간이 200시간 이상인 실기평가 조종자 1명 보유

③ 비행시간이 300시간 이상인 지도조종자 2명 보유

④ 비행시간이 300시간 이상인 실기평가 조종자 2명 보유

---

303 │ 초경량비행장치 조종자 전문교육기관이 확보해야할 실기지도조종자의 최소비행시간
은? 　기출빈도 ★★☆☆☆

① 50시간 　　　　　　　② 100시간

③ 150시간 　　　　　　 ④ 200시간

---

answer 　298 ④ 　299 ③ 　300 ④ 　301 ① 　302 ① 　303 ③

THEMA 74 초경량비행장치 비행승인(항공안전법 127조/항공안전법 시행규칙 308조)

(1) 비행 승인

① 초경량비행장치 비행제한공역에서 비행하려는 사람은 국토교통부령으로 정하는 바에 따라 미리 <u>국토교통부장관으로부터 비행승인을 받아야 한다.</u> 다만, 다만, 다음에 해당하는 초경량비행장치는 제외한다.

　㉠ 영 제24조제1호부터 제4호까지의 규정에 해당하는 초경량비행장치(항공기대여업, 항공레저스포츠사업 또는 초경량비행장치사용사업에 사용되지 아니하는 것으로 한정)

　㉡ 최저비행고도(150미터) 미만의 고도에서 운영하는 계류식 기구

　㉢ 「항공사업법 시행규칙」 제6조제2항제1호에 사용하는 무인비행장치로서 다음의 어느 하나에 해당하는 무인비행장치

　　가. 제221조제1항 및 별표 23에 따른 관제권, 비행금지구역 및 비행제한구역 외의 공역에서 비행하는 무인비행장치

　　나. 가축전염병의 예방 또는 확산 방지를 위하여 소독·방역업무 등에 긴급하게 사용하는 무인비행장치

　㉣ 다음의 어느 하나에 해당하는 무인비행장치

　　가. 최대이륙중량이 25킬로그램 이하인 무인동력비행장치

　　나. 연료의 중량을 제외한 자체중량이 12킬로그램 이하이고 길이가 7미터 이하인 무인비행선

　㉤ 그 밖에 국토교통부장관이 정하여 고시하는 초경량비행장치

② 초경량비행장치를 사용하여 비행제한공역을 비행하려는 사람은 초경량비행장치 비행 승인신청서를 지방항공청장에게 제출하여야 한다.

③ 지방항공청장은 제출된 신청서를 검토한 결과 비행안전에 지장을 주지 아니한다고 판단되는 경우에는 이를 승인하여야 한다. 이 경우 동일지역에서 반복적으로 이루어지는 비행에 대해서는 6개월의 범위에서 비행기간을 명시하여 승인할 수 있다.

④ 지방항공청장은 승인을 하는 경우에는 안전관리, 기상요건, 비행경로의 조건을 붙일 수 있다.

⑤ "국토교통부령으로 정하는 고도"란 다음 각 호에 따른 고도를 말한다.

    ㉠ 사람 또는 건축물이 밀집된 지역 : 해당 초경량비행장치를 중심으로 수평거리 150미터(500피트) 범위 안에 있는 가장 높은 장애물의 상단에서 150미터

    ㉡ 제1호 외의 지역 : 지표면·수면 또는 물건의 상단에서 150미터

⑥ "국토교통부령으로 정하는 구역"이란 별표 23 제2호에 따른 관제공역 중 관제권과 통제공역 중 비행금지구역을 말한다.

⑦ 승인 신청이 다음의 요건을 모두 충족하는 경우에는 6개월의 범위에서 비행기간을 명시하여 승인할 수 있다.

    ㉠ 교육목적을 위한 비행일 것

    ㉡ 무인비행장치는 최대이륙중량이 7킬로그램 이하일 것

    ㉢ 비행구역은 「초·중등교육법」에 따른 학교의 운동장일 것

    ㉣ 비행시간은 정규 및 방과 후 활동 중일 것

    ㉤ 비행고도는 지표면으로부터 고도 20미터 이내일 것

    ㉥ 비행방법 등이 안전·국방 등 비행금지구역의 지정 목적을 저해하지 않을 것

(2) 비행승인 기관

구분	비행금지구역 (P-73, P-65 등)	비행제한구역 (R-75)	민간관제권 (반경 9.3km)	군관제권 (반경 9.3km)	그 밖의 지역 (고도 150m 이하)
촬영허가(국방부)	○	○	○	○	○
비행허가(군)	○	○	×	○	×
비행승인(국토부)	×	×	○	×	×
공통 사항	1. 위의 사항은 최대 이륙중량 25kg 이하의 기체, 고도 150m 이하로 한정 적용. 2. 공역이 2개 이상 겹칠 경우 각 기관 모두에 허가를 득해야 한다. 3. 고도 150m 이상 비행이 필요한 경우 공역에 관계없이 국토교통부 승인요청.				

(3) 초경량비행장치 비행계획 신청서 양식 내용(★)

① 비행목적

② 비행일시 : 연월일 시간 ~ (시간단위까지 명시)

③ 비행경로(장소) : 이착륙장소, 비행장소(주소, 건물명 등)

④ 비행고도/속도

⑤ 기종/대수

⑥ 인적사항 : 조종사 성명, 소속, 전화번호 등

⑦ 탑재장비

⑧ 기타 : 사업자 등록증, 보험가입증서, 초경량비행장치 사용사업 등록증(항공 촬영 시) 등

304 | 초경량비행장치를 이용하여 비행정보구역(FIR) 내에서 비행 시 비행계획을 제출시 필요한 내용 아닌 것은? `기출빈도 ★★★★`

① 항공기의 식별부호　　　　　② 항공기의 탑재 장비
③ 출발비행장 및 출발예정시간　④ 보안 준수사항

305 | 다음 중 초경량비행장치 비행계획승인 신청 시 포함되지 않는 것은? `기출빈도 ★★★★`

① 비행장치의 종류 및 형식　　② 동승자의 자격소지
③ 조종자의 비행경력　　　　　④ 비행경로 및 고도

306 | 다음 중 초경량비행장치 비행계획 신청서에 포함되지 않는 내용은? `기출빈도 ★★★★`

① 계류식 무인 비행장치　　　② 비행기 제작사
③ 신청인의 성명　　　　　　④ 조종자의 비행경력

307 | 다음 중 비행승인을 받기 위해 필요하지 않은 내용은? `기출빈도 ★★★★`

① 비행경로와 고도　　　　　　② 조종자의 자격증의 소지 유무
③ 비행장치의 재원　　　　　　④ 조종자의 비행경력

308 | 초경량무인비행장치 비행허가 승인에 대한 설명으로 옳지 않은 것은? `기출빈도 ★★★★`

① 군 관제권 지역의 비행허가는 군에서 받아야 한다.
② 공역이 두 개 이상 겹 칠 때는 우선하는 기관에 허가를 받아야 한다
③ 민간 관제권 지역의 비행허가는 국토부의 비행승인을 받아야 한다.
④ 비행금지구역(P-73, P-61)비행허가는 군에 받아야 한다.

309 | 비행제한 구역에 비행을 하기 위해 승인 절차를 거쳐야 하는데 승인권자는?

① 지방항공청장　　　　　② 국토교통부장관　　　　기출빈도 ★★★★

③ 국방부장관　　　　　　④ 지방경찰청장

310 | 초경량 비행장치의 비행계획승인이나 각종 신고 기관은?　　　기출빈도 ★★★★

① 대통령　　　　　　　　② 국토부장관

③ 지방항공청장　　　　　④ 시도지사

311 | 초경량 비행장치를 제한공역에서 비행하고자 하는 자는 비행계획 승인 신청서를 누구에게 제출해야 하는가?　　　기출빈도 ★★★★

① 대통령　　　　　　　　② 국토교통부장관

③ 국토교통부 항공국장　　④ 지방항공청장

THEMA 75 **초경량비행장치 조종자 준수사항**(항공안전법 129조/항공안전법 시행규칙 310조)

(1) 초경량비행장치 조종자의 준수사항(★) : ④, ⑤항은 무인비행장치의 조종자 미적용

① 인명이나 재산에 위험을 초래할 우려가 있는 낙하물을 투하하는 행위

② 인구가 밀집된 지역이나 그 밖에 사람이 많이 모인 장소의 상공에서 인명 또는 재산에 위험을 초래할 우려가 있는 방법으로 비행하는 행위

③ 관제공역·통제공역·주의공역에서 비행하는 행위

④ 안개 등으로 인하여 지상목표물을 육안으로 식별할 수 없는 상태에서 비행하는 행위

⑤ 비행시정 및 구름으로부터의 거리기준을 위반하여 비행하는 행위

⑥ 일몰 후부터 일출 전까지의 야간에 비행하는 행위

⑦ 조종업무를 정상적으로 수행할 수 없는 상태에서 조종하는 행위 또는 비행 중 주류등을 섭취하거나 사용하는 행위(혈중 알코올 농도 0.02% 이상)

---

answer　304 ④　305 ②　306 ②　307 ③　308 ②　309 ②　310 ③　311 ④

(2) 초경량비행장치 조종자는 항공기 또는 경량항공기를 육안으로 식별하여 미리 피할 수 있도록 주의하여 비행하여야 한다.

(3) 동력을 이용하는 초경량비행장치 조종자는 모든 항공기, 경량항공기 및 동력을 이용하지 아니하는 초경량비행장치에 대하여 진로를 양보하여야 한다.

(4) 무인비행장치 조종자는 해당 무인비행장치를 육안으로 확인할 수 있는 범위에서 조종하여야 한다.

(5) **항공레저스포츠사업에 종사하는 초경량비행장치 조종자 준수 사항**

① 비행 전에 해당 초경량비행장치의 이상 유무를 점검하고, 이상이 있을 경우에는 비행을 중단할 것
② 비행 전에 비행안전을 위한 주의사항에 대하여 동승자에게 충분히 설명할 것
③ 해당 초경량비행장치의 제작자가 정한 최대이륙중량을 초과하지 아니하도록 비행할 것
④ 동승자에 관한 인적사항(성명, 생년월일 및 주소)을 기록하고 유지할 것

---

312 │ 다음 중 초경량비행장치의 운용시간은?　기출빈도 ★★★★

① 일출부터 일몰 30분 전까지　② 일출부터 일몰까지
③ 일출 30분 후부터 일몰까지　④ 일출 30분 후부터 일몰 30분 전까지

---

313 │ 다음 중 초경량 비행장치 멀티콥터의 일반적인 비행시 비행고도 제한 높이는?

① 50m　② 100m　기출빈도 ★★★★
③ 150m　④ 200m

---

314 │ 항공종사자의 혈중 알코올 농도 제한 기준으로 옳은 것은?　기출빈도 ★★★★

① 혈중 알코올 농도 0.02% 이상
② 혈중 알코올 농도 0.06% 이상
③ 혈중 알코올 농도 0.03% 이상
④ 혈중 알코올 농도 0.05% 이상

315 취미활동, 오락용 무인비행장치의 운용에 대한 내용으로 옳지 않은 것은? 기출빈도 ★★

① 무게가 작고 소형인 취미, 오락용 비행장치도 비행금지구역이나 관제권 에서 비행 시 허가를 받아야 한다.
② 타 비행체와의 충돌방지와 제3자 피해를 위한 안전장치를 강구하여야 한다.
③ 취미활동, 오락용 무인비행장치 조종자도 조종자 준수사항을 준수하여야 한다.
④ 취미활동, 오락용 무인비행장치는 소형이라서 아파트나 도로상공에서 비행이 가능하다.

316 다음 중 초경량비행장치 사용자의 준용규정에 대한 내용으로 옳지 않는 것은?
기출빈도 ★★★★

① 마약류 관리에 관한 법률 제2조 제1호에 따른 마약류 사용을 제한한다.
② 항공종사자가 아니므로 자동차 운전자 규정인 0.05% 이상을 적용한다.
③ 화학물질관리법 제22조 제1항에 따른 환각물질의 사용을 제한한다.
④ 주류섭취에 관하여 항공종사자와 동일하게 0.02% 이상 제한을 적용한다.

317 초경량비행장치 조종자가 안전한 비행을 위해 해야 할 내용으로 틀린 것은?
기출빈도 ★★★★

① 몸상태가 정상이 아니라고 판단 시 부조종자와 임무를 교대하여 실시한다.
② 비행 전에는 과도한 운동이나 음주를 피한다.
③ 체크리스트에 의한 점검을 일상화하여 위험요소를 사전에 제거한다.
④ 조종에 부족한 지식은 비행 당일에 습득하도록 한다.

318 다음 중 일반적인 비행금지 사항에 대한 내용으로 옳은 것은? 기출빈도 ★★★★

① 서울지역 P-73A/B 구역의 건물 내에서는 야간에도 비행이 가능하다.
② 아파트 놀이터나 도로 상공에서는 비행이 가능하다.
③ 한적한 시골지역 유원지 상공의 150m 이상 고도에서 비행이 가능하다.
④ 초경량비행장치 전용공역에서는 고도 150m 이상 야간에도 비행이 가능하다.

319 다음 중 초경량 비행장치의 비행 준수사항에 관한 내용으로 옳지 않은 것은?

① 안개 등으로 인하여 지상목표물을 육안으로 식별할 수 없는 상태에서 비행해서는 안 된다.
② 인명이나 재산에 위험을 초래할 우려가 있는 낙하물을 투하해서는 안 된다.
③ 항공레저스포츠사업에 종사하는 초경량비행장치 조종자는 제작자가 정한 최대이륙중량의 1.2배 이상을 초과하지 않도록 한다.
④ 비행시정 및 구름으로부터의 거리기준을 위반하여 비행하지 않는다.

320 다음 중 초경량 비행장치의 비행 준수사항에 관한 내용으로 옳지 않은 것은?

① 항공레저스포츠사업에 종사하는 초경량비행장치 조종자는 제작자가 정한 최대이륙중량의 1.2배 이상을 초과하지 않도록 한다.
② 인명이나 재산에 위험을 초래할 우려가 있는 낙하물을 투하해서는 안 된다.
③ 안개 등으로 인하여 지상목표물을 육안으로 식별할 수 없는 상태에서 비행해서는 안 된다.
④ 비행시정 및 구름으로부터의 거리기준을 위반하여 비행하지 않는다.

THEMA 76 공역 및 비행제한(항공안전법 78조)

(1) 공역의 구분(★)

① 관제 공역
  ㉠ 관제권 : 비행장 또는 공항과 그 주변의 공역으로서 항공교통의 안전을 위하여 국토교통부장관이 지정·공고한 공역
  ㉡ 관제구 : 지표면 또는 수면으로부터 200m 이상 높이의 공역으로서 항공교통의 안전을 위하여 국토교통부장관이 지정·공고한 공역
② 비관제공역
  ㉠ 조언구역 : 항공교통조언업무가 제공되도록 지정된 비관제 공역

ⓛ 정보구역 : 비행정보업무가 제공되도록 지정된 비관제공역

③ 통제 구역

ⓖ 비행금지구역 : 안전, 국방상 그 밖의 이유로 항공기의 비행을 금지하는 공역

ⓛ 비행제한구역 : 항공 사격, 대공사격등으로 인한 위험으로부터 항공기의 안전을 보호하거나 그 밖의 이유로 비행허가를 받지 아니한 항공기의 비행을 제한하는 공역

ⓒ 초경량비행장치 비행제한구역 : 초경량비행장치의 비행안전을 확보하기 위하여 초경량비행장치의 비행활동에 대한 제한이 필요한 공역

④ 비행 주의 구역

ⓖ 훈련구역 : 민간항공기의 훈련공역으로서 계기비행항공기로부터 분리를 유지할 필요가 있는 공역

ⓛ 군작전구역 : 군사작전을 위하여 설정된 공역으로서 계기비행항공기로부터 분리를 유지할 필요가 있는 공역

ⓒ 위험구역 : 항공기의 비행 시 항공기 또는 지상시설물에 대한 위험이 예상되는 공역

ⓔ 경계구역 : 대규모 조종사의 훈련이나 비정상 형태의 항공활동이 수행되는 공역

(2) 비행정보구역(FIR)

비행 중에 있는 항공기에 안전하고 효율적인 운항에 필요한 각종 정보를 제공하고, 항공기 사고가 발생할 때는 수색 및 구조업무를 책임지고 제공할 목적으로 국제민간항공기구(ICAO)에서 분할·설정한 공역.

(3) 우리나라의 주요 공역

① 비행금지 장소 개요

ⓖ 비행장으로부터 반경 9.3km 이내인 곳 : "관제권"이라고 불리는 곳으로 이착륙하는 항공기와 충돌위험 있음

ⓛ 비행금지구역(휴전선 인근, 서울도심 상공 일부) : 국방, 보안상의 이유로 비행이 금지된 곳

ⓒ 150m 이상의 고도 : 항공기 비행항로가 설치된 공역임

ⓔ 인구밀집지역 또는 사람이 많이 모인 곳의 상공

② 비행금지 구역

ⓖ P : Prohibited, 비행금지구역, 미확인시 경고사격 및 경고없이 사격가능

ⓛ R : Restricted, 비행제한구역, 지대대, 지대공, 공대지 공격 가능

ⓒ D : Danger, 비행위험구역, 실탄배치

ⓔ A : Alert, 비행경보구역

③ 비행금지 구역 현황

구분		관할기관
1	P73(서울 도심)	수도방위사령부(화력과)
2	P518(휴전선 지역)	합동참모본부(항공작전과)
3	P61A(고리원전)	합동참모본부(공중종심작전과)
4	P62A(월성원전)	
5	P63A(한빛원전)	
6	P64A(한울원전)	
7	P65A(원자력연구소)	
8	P61B(고리원전)	부산지방항공청(항공운항과)
9	P62B(월성원전)	
10	P63B(한빛원전)	
11	P64B(한울원전)	
12	P65B(원자력연구소)	서울지방항공청(항공안전과)

321 공역을 사용목적에 따라 분류했을 때 주의공역에 해당하지 않는 것을 고르면?

① 훈련구역　　　　　　　② 위험구역　　　　　　기출빈도 ★★★★

③ 군작전구역　　　　　　④ 조언구역

322 다음 중 초경량비행장치의 비행안전을 확보하기 위하여 비행활동에 대한 제한이 필요한 공역을 고르면?　　　　　　기출빈도 ★★★★

① 관제공역　　　　　　　② 훈련공역

③ 주의공역　　　　　　　④ 비행제한공역

323 다음 공역 중 항공교통의 안전을 위하여 항공기의 비행순서·시기 및 방법 등에 관하여 국토교통부장관의 지시를 받아야 할 필요가 있는 지역은? 기출빈도 ★★★★

① 관제공역
② 주의공역
③ 통제공역
④ 비관제공역

324 다음 중 지표면 또는 수면으로부터 200m 이상 높이의 공역으로서 항공교통의 안전을 위하여 지정한 공역은? 기출빈도 ★★★★

① 관제권
② 관제구
③ 항공로
④ 비행정보구역

325 공역의 구분 중 주의공역이 아닌 것을 고르면? 기출빈도 ★★★★

① 위험구역
② 비행제한구역
③ 훈련구역
④ 경계구역

326 공역 종류 중 통제공역이 아닌 것을 고르면? 기출빈도 ★★★★

① 비행금지구역
② 초경량비행장치 비행제한 구역
③ 군 작전구역
④ 비행제한 구역

327 다음 공역의 종류 중 통제공역을 고르면? 기출빈도 ★★★★☆

① 초경량비행장치 비행제한 구역
② 위험구역
③ 군 작전구역
④ 훈련구역

328 다음 중 비 관제공역에 대한 내용으로 옳은 것은? 기출빈도 ★★★★

① 항공교통 조언업무와 비행 정보업무가 제공되도록 지정된 공역
② 항공기 또는 지상시설물에 대한 위험이 예상되는 공역
③ 항공사격, 대공사격 등으로 인한 위험한 공역
④ 지표면 또는 수면으로부터 200m 이상 높이의 공역

---

answer 321 ④ 322 ④ 323 ① 324 ② 325 ② 326 ③ 327 ① 328 ①

329 | 다음 중 통제구역에 해당하는 지역을 고르면?

① 비행금지구역   ② 훈련구역
③ 경계구역   ④ 위험구역

330 | 초경량비행장치의 비행안전을 확보하기 위하여 초경량비행장치의 비행활동에 대한 제한이 필요한 공역은?

① 주의공역   ② 관제공역
③ 훈련공역   ④ 비행제한공역

331 | 비관제 공역에 대한 내용으로 옳은 것을 고르면?

① 항공교통의 안전을 위하여 항공기의 비행을 금지 또는 제한할 필요가 있는 공역
② 항공기의 비행 시 조종사의 특별한 주의·경계·식별등을 요구할 필요가 있는 공역
③ 관제공역외의 공역으로서 항공기에게 비행에 필요한 조언·비행정보등을 제공하는 공역
④ 항공교통의 안전을 위하여 항공기의 비행순서·시기 및 방법 등에 관하여 국토교통부장관의 지시를 받아야 할 필요가 있는 공역으로서 관제권 및 관제구를 포함하는 공역

332 | 다음 중 비행정보구역(FIR)을 지정하는 목적으로 틀린 내용은?

① 영공통과료 징수를 위한 경계설정
② 항공기의 효율적인 운항을 위한 정보제공
③ 항공기 안전을 위한 정보제공
④ 항공기 수색, 구조에 필요한 정보제공

333 | 다음 중 초경량비행장치의 비행구역으로 옳은 것은?

① 인적이 드문 넓은 공원과 같은 공터지역
② 철탑, 철교, 철골 구조물 등의 지역
③ 위험물, 유류, 화학물질을 사용하는 공장 지역
④ 발전소, 변전소, 변압기, 발전댐 등의 지역

334 원칙적으로 비행이 금지되거나 제한되는 구역이 아닌 것을 고르면? 기출빈도 ★★★★

① 휴전선 인근 군 전술통제작전구역(P-518)

② 청와대 인근 상공(P-73)

③ 원전지역 인근 상공(P-65)

④ 100m 이하의 고도

335 국가안전상 비행이 금지된 공역으로 항공지도에 표시되어 있으며 특별한 인가 없이는 비행이 금지되는 지역을 고르면? 기출빈도 ★★★★

① P-73   ② MOA

③ W-99   ④ R-110

336 초경량 비행장치의 비행 가능한 지역을 고르면? 기출빈도 ★★★★

① R-14   ② UA

③ P65   ④ MOA

337 다음 중 R-75 제한구역에 대한 설명으로 옳은 것은? 기출빈도 ★★★★

① 서울지역 비행제한구역

② 서울지역 비행금지 구역

③ 초경량비행장치 전용공역

④ 군 사격장, 공수낙하훈련장

338 다음 중 비행금지구역의 통제 관할기관으로 틀린 것을 고르면? 기출빈도 ★★★★

① P-61~65 A구역 : 합동참모본부

② P-73A/B 서울지역 : 수도방위사령부

③ P-518 휴전선지역 : 합동참모본부

④ P-61~65 B구역 : 각 군사령부

초경량비행장치사고/조사(항공안전법 제2조/항공안전법 시행규칙 제312조)

(1) 초경량비행장치사고

① 초경량비행장치에 의한 사람의 사망, 중상 또는 행방불명

② 초경량비행장치의 추락, 충돌 또는 화재 발생

③ 초경량비행장치의 위치를 확인할 수 없거나 초경량비행장치에 접근이 불가능한 경우

(2) 초경량 비행장치 사고 발생 후 사고조사 담당 기관

항공·철도사고조사위원회

(3) 초경량비행장치사고의 보고

지방항공청장에게 보고

① 조종자 및 그 초경량비행장치소유자등의 성명 또는 명칭

② 사고가 발생한 일시 및 장소

③ 초경량비행장치의 종류 및 신고번호

④ 사고의 경위

⑤ 사람의 사상(사상) 또는 물건의 파손 개요

⑥ 사상자의 성명 등 사상자의 인적사항 파악을 위하여 참고가 될 사항

---

339 | 다음 중 초경량비행장치 사고로 분류할 수 없는 것은? 　기출빈도 ★★★☆☆

① 초경량비행장치의 위치를 확인할 수 없거나 비행장치에 접근이 불가할 경우

② 초경량비행장치의 덮개나 부분품의 고장

③ 초경량비행장치에 의한 사람의 사망, 중상 또는 행방불명

④ 초경량비행장치의 추락, 충돌 또는 화재발생

340 초경량 비행장치 사고 시 지방항공청장에게 보고하여야 내용으로 옳지 않은 것은?

① 초경량비행장치의 종류 및 신고번호 기출빈도 ★★★
② 조종자 및 그 초경량비행장치 소유자 등의 성명
③ 사고가 발생한 일시 및 장소
④ 사고의 세부적인 원인

341 초경량비행장치 사고를 일으킨 조종자 또는 소유자가 사고 발생시 지방항공청장에게 보고하여야 할 내용으로 옳지 않은 것은? 기출빈도 ★★★

① 사고의 경위
② 사고의 정확한 원인분석 결과
③ 초경량비행장치 소유자의 성명 또는 명칭
④ 사람의 사상 또는 물건의 파손 개요

342 초경량비행장치에 의하여 사람이 사망하거나 중상을 입은 사고가 발생한 경우 사고조사를 담당하는 기관은? 기출빈도 ★★★

① 항공·철도 사고조사위원회   ② 교통안전공단
③ 항공교통관제소   ④ 관할 지방항공청

THEMA 78 **보험**(항공사업법 70조)

(1) 항공보험 등의 가입의무

초경량비행장치를 초경량비행장치사용사업, 항공기대여업 및 항공레저스포츠사업에 사용하려는 자 등 <u>영리목적</u>인 경우

(2) 보험의 종류

① 대인/대물 배상 책임보험 : 모든 사업자 필수
② **자차보험**(항공보험 등) : 비행교육기관 비행장치 권유, 기타 사용사업자 선택
③ **자손보험**(개인 배상책임 등) : 교육기관 필수, 기타 사용사업자 선택

answer 339 ②   340 ④   341 ②   342 ①

343 | 다음 중 초경량동력비행장치를 사용하면서 법으로 정한 보험에 가입하여야 하는 경우는? `기출빈도 ★★★☆☆`

① 영리목적으로 사용하는 동력비행장치
② 동호인이 공동으로 사용하는 패러글라이더
③ 국제대회에 사용하고자 하는 행글라이더
④ 모든 초경량비행장치

344 | 항공법상 무인멀티콥터(드론) 사용사업을 위해 가입해야 하는 필수 보험은?

① 기체보험(동산종합보험) `기출빈도 ★★☆☆☆`
② 자손 종합 보험
③ 대인/대물 배상 책임보험
④ 살포보험(약제살포 배상책임보험)

345 | 초경량비행장치를 소유하거나 사용할 수 있는 권리가 있는 자가 국토 교통부령으로 정하는 보험 또는 공제에 가입 한 경우 영리목적으로 사용할 수 있는 경우는?

① 항공기 대여업에의 사용 `기출빈도 ★☆☆☆☆`
② 항공기 운송사업
③ 초경량비행장치 사용사업에의 사용
④ 항공레저스포츠 사업에의 사용

THEMA 79 **초경량비행장치 사용사업**(항공사업법 2조/항공사업법 시행규칙 6조)

(1) 초경량비행장치사용사업

타인의 수요에 맞추어 국토교통부령으로 정하는 초경량비행장치를 사용하여 유상으로 농약살포, 사진촬영 등 국토교통부령으로 정하는 업무를 하는 사업

(2) 초경량비행장치사용사업의 사업범위

① 비료 또는 농약 살포, 씨앗 뿌리기 등 농업 지원

② 사진촬영, 육상·해상 측량 또는 탐사

③ 산림 또는 공원 등의 관측 또는 탐사

④ 조종교육

⑤ 그 밖의 업무로서 다음 각 목의 어느 하나에 해당하지 아니하는 업무

    ㉠ 국민의 생명과 재산 등 공공의 안전에 위해를 일으킬 수 있는 업무

    ㉡ 국방·보안 등에 관련된 업무로서 국가 안보를 위협할 수 있는 업무

346 | 다음 중 초경량비행장치의 사업범위가 아닌 것을 고르면?　기출빈도 ★☆☆☆☆

    ① 농약살포　　　　　　　② 산림조사

    ③ 항공촬영　　　　　　　④ 야간정찰

347 | 초경량비행장치 사용사업의 범위가 아닌 경우를 고르면?　기출빈도 ★★☆☆☆

    ① 산림 또는 공원 등의 관측 및 탐사

    ② 비료 또는 농약살포, 씨앗 뿌리기 등 농업지원

    ③ 사진촬영, 육상 및 해상측량 또는 탐사

    ④ 지방 행사시 시범 비행

THEMA 80　**항공 등화** (공항시설법 시행규칙 5조/공항시설법 6조/공항시설법 시행규칙 별표 14/ 공항시설법 시행규칙 28조)

(1) 항공등화

불빛, 색채 또는 형상을 이용하여 항공기의 항행을 돕기 위한 항행안전시설로서 국토교통 부령으로 정하는 시설

(2) 항공등화의 종류

① 비행장등대(Aerodrome Beacon) : 항행 중인 항공기에 공항·비행장의 위치를 알려주기 위해 공항·비행장 또는 그 주변에 설치하는 등화

② 활주로등(Runway Edge Lights) : 이륙 또는 착륙하려는 항공기에 활주로를 알려주기 위해 그 활주로 양측에 설치하는 등화

③ 유도로등(Taxiway Edge Lights) : 지상주행 중인 항공기에 유도로·대기지역 또는 계류장 등의 가장자리를 알려주기 위해 설치하는 등화

④ 활주로유도등(Runway Leading Lighting Systems) : 활주로의 진입경로를 알려주기 위해 진입로를 따라 집단으로 설치하는 등화

⑤ 정지선등(Stop Bar Lights) : 유도정지 위치를 표시하기 위해 유도로의 교차부분 또는 활주로 진입정지 위치에 설치하는 등화

⑥ 풍향등(Illuminated Wind Direction Indicator) : 항공기에 풍향을 알려주기 위해 설치하는 등화

⑦ 금지구역등(Unserviceability Lights) : 항공기에 비행장 안의 사용금지 구역을 알려주기 위해 설치하는 등화

(3) 항공등화의 설치 기준

<u>붉은빛의 등으로 500ft(AGL)에 설치, 지표 또는 수면으로부터 30m 이상 높이의 구조물</u>

항공등화 종류	비계기 진입 활주로	계기진입 활주로				육상 헬기장	최소 광도 (cd)	색상
		비정밀	카테고리 I	카테고리 II	카테고리 III			
비행장등대	O	O	O	O	O		2,000	흰색, 녹색
유도로등	O	O	O	O	O		2	파란색
유도로중심선등					O		20	노란색, 녹색
정지선등				O	O		20	붉은색
활주로경계등			O	O	O		30	노란색
풍향등	O	O	O	O	O	O	-	흰색
지향신호등	O	O	O	O	O		6,000	붉은색, 녹색 및 흰색
정지로등	O	O	O	O	O		30	붉은색
유도로안내등	O	O	O	O	O		10	붉은색, 노란색 및 흰색
착륙구역등						O	3	녹색

(4) 표지등 및 표지 설치대상 구조물(공항시설법 시행규칙 28조 1항 별표 9)

장애물이 주간에 별표 10에 따른 중광도 A형태의 표시등을 설치하여 운영되는 구조물 중 그 높이가 지표 또는 수면으로부터 150m 이하인 구조물에는 표지의 설치를 생략할 수 있다(150m 이상 설치).

348 | 다음 중 항공장애등 설치기준을 고르면?   기출빈도 ★☆☆☆

① 300ft(AGL)   ② 500ft(AGL)

③ 300ft(MSL)   ④ 500ft(MSL)

무인멀티콥터(드론) 필기 80테마 기출 348제

부록

001 초경량비행장치 조종기 거리 테스트 방법은?

① 기체옆 　　　　　　　　② 15m 후방
③ 30m 후방 　　　　　　　④ 기체이륙후

002 수평시정에 대한 설명 중 맞는 것은?

① 관제탑에서 알려져 있는 목표물을 볼 수 있는 수평거리이다.
② 조종사가 이륙시 볼 수 있는 가시거리이다.
③ 조종사가 착륙시 볼 수 있는 가시거리이다.
④ 관측지점으로부터의 알려져 있는 목표물을 참고하여 측정한 거리이다.

003 다음중 전파에 의하여 항공기의 항행을 돕는 시설은?

① 항공등화 　　　　　　　② 항행안전무선시설
③ 풍향등 　　　　　　　　④ 착륙방향지시등

004 무인비행장치들이 가지고 있는 일반적인 모드가 아닌 것은?

① 수동 모드(Manual mode)
② 자세제어 모드(Attitude mode)
③ 고도제어 모드(Altitude mode)
④ GPS 모드(GPS mode)

005 진로의 양보에 대한 설명 중 틀리는 것은?

① 다른 항공기를 우측으로 보는 항공기가 진로를 양보한다.
② 착륙을 위하여 최종 접근 중에 있거나 착륙중인 항공기에게 진로를 양보한다.
③ 상호 비행장에 접근중일 때는 높은 고도에 있는 항공기에게 진로를 양보한다.
④ 발동기의 고장, 연료의 부족 등 비정상상태에 있는 항공기에 대해서는 모든 항공기가 진로를 양보한다.

answer　001 ②　002 ④　003 ②　004 ③　005 ③

006 회전익 비행장치의 추락 시 대처 요령으로 적당한 것은?

① 떨어지는 관성력을 이용하여 스로틀을 올려 피해를 최소화 한다.

② 추락 시 에일러론을 조작하여 기체 중심을 잡아준다.

③ 추락 시 엘리베이터를 조작하여 기체를 조종자 가까운 곳으로 이동 시킨다.

④ 추락 시 조종이 힘들다고 생각되면 조종기 전원을 빠른 시간에 꺼준다.

007 바람이 생성되는 근본적인 원인이 무엇인지 적당한 것을 고르시오.

① 지구의 자전　　　　　　　② 태양의 복사에너지의 불균형

③ 구름의 흐름　　　　　　　④ 대류와 이류 현상

008 받음각이 변하더라도 모멘트의 계수의 값이 변하지 않는 점을 무슨 점이라하는가?

① 압력중심　　　　　　　　② 공력중심

③ 반력중심　　　　　　　　④ 중력중심

009 다음 중 3/8~4/8인 운량은 어느 것인가?

① clear　　　　　　　　　② scattered

③ broken　　　　　　　　　④ overcast

010 멀티콥터의 비행이 아닌 것은?

① 전진비행　　　　　　　　② 후진비행

③ 회전비행　　　　　　　　④ 배면비행

011 다음 연료 여과기에 대한 설명중 가장 타당한 것은?

① 연료 탱크 안에 고여 있는 물이나 침전물을 외부로부터 빼내는 역할을 한다.

② 외부 공기를 기화된 연료와 혼합하여 실린더 입구로 공급한다.

③ 엔진 사용 전에 흡입구에 연료를 공급한다.

④ 연료가 엔진에 도달하기 전에 연료의 습기나 이물질을 제거한다.

012 항력과 속도와의 관계 설명 중 틀린 것은?

① 항력은 속도제곱에 반비례한다.

② 유해항력은 거의 모든 항력을 포함하고 있어 저속 시 작고, 고속 시 크다.

③ 형상항력은 블레이드가 회전할 때 발생하는 마찰성 저항이므로 속도가 증가하면 점차 증가한다.

④ 유도항력은 하강풍인 유도기류에 의해 발생하므로 저속과 제자리 비행 시 가장 크며, 속도가 증가 할수록 감소한다.

013 지면효과를 받을 때의 설명 중 잘못된 것은?

① 받음 각이 증가한다.
② 항력의 크기가 증가한다.
③ 양력의 크기가 증가한다.
④ 같은 출력으로 많은 무게를 지탱할 수 있다.

014 프로펠러에 대한 설명 중 틀린 것은?

① 익근의 꼬임각이 익단의 꼬임각 보다 작게한다.
② 길이에 따라 익근의 속도는 느리고 익단의 속도는 빠르게 회전한다.
③ 익근의 꼬임각이 익단의 꼬임각보다 크게 한다.
④ 익근과 익단의 꼬임각이 서로 다른 이유는 양력의 불균형을 해소하기 위함이다.

015 초경량비행장치의 사고 중 항공사고조사위원회가 사고의 조사를 하여야 하는 항목이 아닌 것은?

① 차량이 주기된 초경량비행장치를 파손시킨 사고
② 초경량비행장치로 인하여 사람이 중상 또는 사망한 사고
③ 비행 중 발생한 추락,충돌사고
④ 비행 중 발생한 화재사고

016 기압 고도(Pressure altitude)란 무엇을 말하는가?

① 항공기와 지표면의 실측 높이이며 AGL 단위를 사용한다.(절대고도)
② 고도계 수정치를 표준 대기압(29.92Hg)에 맞춘 상태에서 고도계가 지시하는 고도(기압고도)
③ 압고도에서 비표준 온도와 기압을 수정해서 얻은 고도이다.(밀도고도)
④ 고도계를 해당지역이나 인근 공항의 고도계 수정치 값에 수정했을 때 고도계가 지시하는 고도(지시고도)

017 관의 직경이 일정하지 않은 관을 통과하는 유체(공기)의 속도, 동압, 정압의 관계를 설명한 것이다. 바르게 설명한 것은?

① 직경이 작은 부분의 공기흐름은 속도가 빨라지고 동압은 커지고 정압은 작아진다.
② 직경이 넓은 부분의 공기흐름은 속도는 빨라지고 동압은 커지고 정압은 작아진다.
③ 관의 직경과 관계없이 흐름의 속도가 같고 동압과 정압의 변화는 일정하다.
④ 직경이 작은 부분의 공기흐름은 속도가 느려지고 동압은 커지고 정압은 작아진다.

018 항공고시보(NOTAM)의 최대 유효기간은?

① 1개월   ② 3개월

③ 6개월   ④ 12개월

019 쿼드 멀티콥터가 전진비행 시 모터의 회전속도 변화 중 맞는 것은?

① 앞의 두개의 모터가 빨리 회전한다.
② 뒤의 두개의 모터가 빨리 회전한다.
③ 좌측의 두개의 모터가 빨리 회전한다.
④ 우측의 두개의 모터가 빨리 회전한다.

020 드론에 대한 설명으로 틀린 것은?

① 드론은 대형 무인항공기와 소형 무인항공기를 모두 포함하는 개념이다.
② 일반적으로 우리나라에서는 일정 무게이하의 소형 무인항공기를 지칭한다.
③ 우리나라 항공법에 드론은 동력비행장치로 분류 하고 있다.
④ 우리나라 항공법상 소형 무인항공기를 무인 비행장치로 분류하고 있다.

021 다음 중 무인멀티콥터의 이륙 절차로서 적절한 것은?

① 숙달된 조종자의 경우 비행체와 안전거리는 적당히 줄여서 적용한다.
② 시동 후 준비상태가 될 때까지 아이들 작동을 한 후에 이륙을 실시한다.
③ 장애물을 피해 측면비행으로 이륙과 착륙을 실시한다.
④ 비행상태 등은 필요한 때만 모니터 한다.

022 초경량비행장치를 이용하여 비행 후 착륙보고에 포함 사항이 아닌 것은?

① 착륙시간   ② 출발 및 도착 비행장
③ 항공기 식별 부호   ④ 도착시간

023 착륙 접근 중 안전에 문제가 있다고 판단하여 다시 이륙하는 것을 무엇이라 하는가?

① 바운싱   ② 플로팅
③ 복행   ④ 하드랜딩

024 무인항공기 자동비행장치를 구성하는 기본 항공전자 시스템으로 볼 수 없는 것은?

① 자동비행컴퓨터(FCC,자동비행)   ② 레이저 및 초음파 센서(고도/충돌방지)
③ GPS 시스템(위치/고도)   ④ 자이로 및 마그네틱 센서(자세/방위각)

025 다음 중 초경량비행장치의 비행 가능한 지역은 어느 것인가?

① (RK)R-1　　　　　　　　　　　② UA-28
③ P-518　　　　　　　　　　　　④ P-65

026 무인 헬리콥터 선회 비행 시 발생하는 슬립과 스키드에 대한 설명 중 가장 적절한 것은?

① 슬립은 헬리콥터 선회 시 기수가 올라가는 현상을 의미한다.
② 슬립과 스키드는 모두 꼬리 회전날개 반토오크가 적절치 못해 발생한다.
③ 스키드는 헬리콥터 선회 시 기수가 내려가는 현상을 의미한다.
④ 슬립과 스키드는 헬리콥터 선회 시 기수가 선회 중심 방향으로 돌아가는 현상을 의미한다.

027 운량의 구분 시 하늘의 상태가 5/8~6/8인 경우를 무엇이라 하는가?

① Sky Clear(SKC/CLR)　　　　　② scattered(SCT)
③ broken(BRK)　　　　　　　　④ overcast(OVC)

028 비행금지, 제한구역 등에 대한 설명 중 틀린 것은?

① P-73, P-518, P-61~65 지역은 비행 금지구역이다.
② 군/민간 비행장의 관제권은 주변 9.3km까지의 구역이다.
③ 원자력 발전소, 연구소는 주변 19km까지의 구역이다.
④ 서울지역 R-75내에서는 비행이 금지되어 있다.

029 초경량비행장치의 사용사업의 범위가 아닌것은?

① 산불조사　　　　　　　　　　② 항공촬영
③ 야간정찰　　　　　　　　　　④ 농약살포

030 다음 중 무인멀티콥터에 탑재된 센서와 역할의 연결이 부적절한 것은?

① 자이로센서 – 비행체 자세　　　② 지자기센서 – 비행체 방향
③ GPS – 속도와 자세　　　　　　④ 가속도계 – 자세변화 속도

031 다음 중 멀티콥터의 이,착륙을 하기 위하여 어떤 조종장치를 사용해야 하는가?

① 스로틀　　　　　　　　　　　② 러더
③ 엘리베이터　　　　　　　　　④ 에일러론

answer　025 ②　026 ④　027 ③　028 ④　029 ③　030 ③　031 ①

032 다음 중 멀티콥터 중 쿼드콥터가 후진시 모터의 작동 설명으로 맞는 것은?

① 왼쪽 두개의 모터는 빠르게, 오른쪽 두개의 모터는 느리게 회전한다.

② 오른쪽 두개의 모터는 빠르게, 왼쪽 두개의 모터는 느리게 회전한다.

③ 앞쪽 두개의 모터는 느리게, 뒤쪽 두개의 모터는 빠르게 회전한다.

④ 앞쪽 두개의 모터는 빠르게, 뒤쪽 두개의 모터는 느리게 회전한다.

033 다음 중 멀티콥터의 비행시 조종자 준수사항을 위반할 경우 부과되는 과태료는 얼마인가?

① 20만 원   ② 50만 원

③ 100만 원   ④ 300만 원

034 METAR(항공정기기상보고)에서 −RAFG는 무슨 뜻인가요?

① 강한 비와 강한 안개   ② 약한 비와 강한 안개

③ 강한 비와 안개   ④ 약한 비와 안개

035 초경량비행장치 조종자 전문교육기관의 장비 및 시설 보유 기준으로 틀린 것은?

① 훈련용 비행장치 2대 이상   ② 강의실 1개 이상

③ 사무실 1개 이상   ④ 이, 착륙 시설

036 멀티콥터의 내부 구성품중 모터의 회전수를 조절하는 기능을 하는 것은?

① 자이로센서   ② IMU

③ ESC   ④ GPS

037 초경량비행장치 사고를 일으킨 조종자 또는 소유자는 사고 발생 즉시 지방항공청에 보고하여야 하는데 그 내용이 아닌 것은?

① 초경량비행장치 소유자의 성명 또는 명칭

② 사고가 발행한 일시 및 장소

③ 사고의 정확한 원인분석과 결과

④ 초경량비행장치의 종류 및 신고번호

038 다음 중 항공안전법상 유도로의 색은?

① 녹색   ② 청색

③ 백색   ④ 황색

answer   032 ④   033 ③   034 ④   035 ①   036 ③   037 ③   038 ②

039 비관제 공역 중 모든 항공기에 비행 정보업무만 제공되는 공역은?

① A등급   ② C등급

③ F등급   ④ G등급

040 공항시설법에 의해 비행장에 설정해야 할 장애물 제한 표면과 관계없는 것은?

① 전이표면   ② 진입표면

③ 원추표면   ④ 기초표면

041 산바람과 골바람에 대한 설명 중 옳은 것은?

① 산악지역에서 낮에 형성되는 바람은 골바람으로 산 아래에서 산 위로 부는 바람이다.

② 산바람은 산 정상부분으로 불고 골바람은 산 정상에서 아래로 부는 바람이다.

③ 산바람과 골바람 모두 산의 경사 정도에 따라 가열되는 정도에 따른 바람이다.

④ 산바람은 낮에 그리고 골바람은 밤에 형성된다.

042 배터리를 오래 효율적으로 사용하는 방법으로 적절한 것은?

① 비행을 할때 마다 항상 만충을 시켜 사용한다.

② 충전이 다 되어도 자연 방전을 막기 위해 배터리를 계속 충전기에 연결해 놓는다.

③ 10일 이상 장기 보관할 경우 만충을 시켜 보관한다.

④ 충전기는 정격 용량이 맞으면 여러 모델 장비를 혼용해서 사용한다.

043 다음 중 유도기류의 설명 중 맞는 것은?

① 취부각이 0일때 에어포일을 지나는 기류는 상, 하로 흐른다.

② 취부각의 증가로 받음각이 증가하면 공기는 위로 가속하게 된다.

③ 공기가 로터 블레이더의 움직임에 의해 변화된 하강기류를 말한다.

④ 유도기류 속도는 취부각이 증가하면 감소한다.

044 지면효과를 받을 수 있는 통상고도는?

① 지표면 위의 비행기 날개 폭의 절반 이하

② 지표면 위의 비행기 날개 폭의 2배 고도

③ 지표면 위의 비행기 날개 폭의 3배 고도

④ 지표면 위의 비행기 날개 폭의 4배 고도

045 멀티콥터의 비행원리 설명 중 틀린 것은?

① 공중으로 뜨는 힘은 기본적으로 헬리콥터와 같아 로터가 발생시키는 양력에 의한다.

② 멀티콥터는 인접한 로터를 역방향으로 회전시켜 토크를 상쇄 시킨다.

③ 멀티콥터는 테일 로터가 필요하지 않고 모든 로터가 수평 상태에서 회전해 양력을 얻는다.

④ 멀티콥터도 상호 역방향 회전으로 토크를 상쇄시킨 결과 헬리콥터와 같이 이륙시 전이성향이 나타난다.

046 다음 중 유체 속도에 대한 설명으로 올바른 것은?

① 유체 속도가 빠르면 압력이 낮아진다.

② 유체 속도는 압력에 비례한다.

③ 유체 압력은 속도와 비례한다.

④ 유체 속도는 압력과 무관하다.

047 리튬폴리머(Li-Po) 배터리 취급에 대한 설명으로 올바른 것은?

① 폭발위험이나 화재 위험이 적어 충격에 잘 견딘다.

② 50℃ 이상의 환경에서 사용될 경우 효율이 높아진다.

③ 수중에 장비가 추락했을 경우에는 배터리를 잘 닦아서 사용한다.

④ -10℃ 이하로 사용될 경우 영구히 손상되어 사용불가 상태가 될 수 있다.

048 무인항공 시스템에서 비행체와 지상통제시스템을 연결시켜 주어 지상에서 비행체를 통제 가능하도록 만들어 주는 장치는 무엇인가?

① 비행체

② 탑재 임무장비

③ 데이터링크

④ 지상통제장비

049 무인항공방제 작업 시 조종자, 신호자, 보조자의 설명으로 부적합한 것은?

① 비행에 관한 최종 판단은 작업 허가자가 한다.

② 신호자는 장애물 유무와 방제 끝부분 도착여부를 조종자에게 알려준다.

③ 보조자는 살포하는 약제, 연료 포장 안내등을 해 준다.

④ 조종자와 신호자는 모두 유자격자로서 교대로 조종작업을 수행하는 것이 안전하다.

answer 045 ④ 046 ① 047 ④ 048 ③ 049 ①

050 무인비행장치 운용에 따라 조종자가 작성 할 문서가 아닌 것은?

① 비행훈련기록부　　　　　　② 비행체 비행기록부

③ 조종사 비행기록부　　　　　④ 장비 정비 기록부

051 무인항공 방제작업에 필요한 개인 안전장구로 거리가 먼 것은?

① 헬멧　　　　　　　　　　　② 마스크

③ 풍향풍속계　　　　　　　　④ 위생장갑

052 항공기에 작용하는 세 개의 축이 교차되는 곳은 어디인가?

① 무게 중심　　　　　　　　② 압력 중심

③ 가로축의 중간지점　　　　④ 세로축의 중간지점

053 회전익 비행장치의 특성이 아닌 것은?

① 제자리, 측/후방 비행이 가능하다.　　② 엔진 정지시 자동활동이 가능하다.

③ 동적으로 불안하다.　　　　　　　　④ 최저 속도를 제한한다.

054 쿼드 X형 멀티콥터가 전진비행 시 모터(로터포함)의 회전속도 변화 중 맞는 것은?

① 앞의 두 개가 빨리 회전한다.　　　　② 뒤의 두 개가 빨리 회전한다.

③ 좌측의 두 개가 빨리 회전한다　　　④ 우측의 두개가 빨리 회전한다.

055 초경량비행장치 조종자의 준수사항에 어긋 나는 것은?

① 인명이나 재산에 위험을 초래할 우려가 있는 낙하물 투하행위 금지

② 관제공역, 통제공역, 주의공역에서 비행행위 금지

③ 안개 등으로 지상목표물을 육안으로 식별할 수 없는 상태에서 비행행위 금지

④ 일몰 후부터 일출 전이라도 날씨가 맑고 밝은 상태에서는 비행 할 수 있다.

056 초경량비행장치의 말소신고의 설명 중 틀린 것은?

① 사유 발생일로부터 30일 이내에 신고하여야 한다.

② 비행장치가 멸실 된 경우 실시한다.

③ 비행장치의 존재 여부가 2개월 이상 불분명할 경우 실시한다.

④ 비행장치가 외국에 매도된 경우 실시한다.

057 초경량 비행장치의 등록일련번호 등은 누가 부여하는가?

① 국토교통부장관　　　　　② 교통안전공단 이사장
③ 항공협회장　　　　　　　④ 지방항공청장

058 회전익비행장치의 유동력침하가 발생될 수 있는 비행조건이 아닌 것은?

① 높은 강하율로 오토로테이션 접근 시
② 배풍접근 시
③ 지면효과 밖에서 호버링을 하는 동안 일정한 고도를 유지하지 않을 때
④ 편대비행 접근 시

059 메인 블레이드 밸런스 측정 방법 중 옳지 않은 것은?

① 메인 블레이드 각각의 무게가 일치 하는지 측정한다.
② 메인 블레이드 각각의 중심(CG)이 일치 하는지 측정한다.
③ 양손에 들어보아 가벼운 쪽에 밸런싱테잎을 감아 준다.
④ 양쪽 블레이드의 드레그 홀에 축을 끼워 앞전이 일치하는지 측정한다.

060 회전익무비행장치의 기체 및 조종기의 배터리 점검사항 중 틀린 것은?

① 조종기에 있는 배터리 연결단자의 헐거워지거나 접촉불량 여부를 점검한다.
② 기체의 배선의 배선과 배터리와의 고정 볼트의 고정 상태를 점검한다.
③ 배터리가 부풀어 오른 것을 사용하여도 문제없다.
④ 기체 배터리와 배선의 연결부위의 부식을 점검한다.

061 자동제어기술의 발달에 따른 항공사고 원인이 된 수 없는 것이 아닌 것은?

① 불충분한 사전학습
② 기술의 진보에 따른 빠른 즉각적 반응
③ 새로운 자동화 장치의 새로운 오류
④ 자동화의 발달과 인간의 숙달 시간차

062 회전익비행장치가 제자리 비행 상태로부터 전진비행으로 바뀌는 과도적인 상태는?

① 황단류 효과　　　　　　② 전이 비행
③ 자동 화전　　　　　　　④ 지면 효과

063 난기류(Turbulence)를 발생하는 주요인이 아닌 것은?

① 안정된 대기상태
② 바람의 흐름에 대한 장애물
③ 대형 항공기에서 발생하는 후류의 영향
④ 기류의 수직 대류현상

064 비행 중 조종기의 배터리 경고음이 울렸을 때 취해야 할 행동은〉

① 즉시 기체를 착륙시키고 엔진시동을 정지 시킨다.
② 경고음이 꺼질 때까지 기다려 본다.
③ 재빨리 송신기의 배터리를 예비 배터리로 교환한다.
④ 기체를 원거리로 이동시켜 제자리 비행으로 대기한다.

065 바람에 대한 설명으로 틀린 것은?

① 풍속의 단위는 m/s, Knot 등을 사용한다.
② 풍향은 지리학 상의 진북을 기준으로 한다.
③ 풍속은 공기가 이동한 거리와 이에 소요되는 시간의(比)이다.
④ 바람은 기압이 낮은 곳에서 높은 곳으로 흘러가는 공기의 흐름이다.

066 전동식 멀티콥터의 기체구성품과 거리가 먼 것은?

① 프로펠러   ② 모터와 변속기
③ 자동비행장치   ④ 클러치

067 공기밀도에 관한 설명으로 틀린 것은?

① 온도가 높아질수록 공기밀도도 증가한다.
② 일반적으로 공기밀도는 하층보다 상층이 낮다.
③ 수증기가 많이 포함 될수록 공기 밀도는 감소한다.
④ 국제표준대기(ISA)의 밀도는 건조공기로 가정했을 때의 밀도이다.

068 다음 중 무인회전익비행장치가 고정익형무인비행기와 비행특성이 가장 다른 점은?

① 우선회비행   ② 정지비행
③ 좌선회비행   ④ 전진비행

069 항공기 날개의 상하부를 흐르는 공기의 압력차에 의해 발생하는 압력의 원리는?

① 작용-반작용의 법칙

② 가속도의 법칙

③ 베르누이의 정리

④ 관성의 법칙

070 다음 중 무인회전익 비행장치에 사용되는 엔진으로 가장 부적합한 것은?

① 왕복엔진

② 로터리엔진

③ 터보팬 엔진

④ 가솔린 엔진

071 비행 후 기체 점검 사항 중 옳지 않은 것은?

① 동력계통 부위의 볼트 조임상태 등을 점검하고 조치한다.

② 메인 블레이드, 테일 블레이드의 결합상태, 파손 등을 점검한다.

③ 남은 연료가 있을 경우 호버링 비행하여 모두 소모시킨다.

④ 송 수신기의 배터리 잔량을 확인하여 부족 시 충전한다.

072 리튬폴리머 베터리 사용상의 설명으로 적절한 것은?

① 비행 후 배터리 충전은 상온까지 온도가 내려간 상태에서 실시한다.

② 수명이 다 된 배터리는 그냥 쓰레기들과 같이 버린다.

③ 여행 시 배터리는 화물로 가방에 넣어서 운반이 가능하다.

④ 가급적 전도성이 좋은 금속 탁자 등에 두어 보관한다.

073 무인비행장치 탑재임무장비(Payload)로 볼 수 없는 것은?

① 주간(EO) 카메라

② 데이터링크 장비

③ 적외선(FLIR) 감시카메라

④ 통신중계 장비

074 무인항공 시스템의 지상지원장비로 볼 수 없는 것은?

① 발전기

② 비행체

③ 비행체 운반차량

④ 정비지원 차량

075 무인멀티콥터에서 비행 간에 열이 발생하는 부분으로서 비행 후 필히 점검을 해야 할 부분이 아닌 것은?

① 프로펠러(또는 로터)

② 비행제어장치(FCS)

③ 모터

④ 변속기

---

answer 069 ③ 070 ③ 071 ③ 072 ① 073 ② 074 ② 075 ①

076 위성항법시스템(GNSS)에 대한 설명으로 옳은 것은?

① GPS는 미국에서 개발 및 운용하고 있으며 전세계에 20개의 위성이 있다.

② GLONASS는 유럽에서 운용하는 것으로 24개의 위성이 구축되어 있다.

③ 중국은 독자 위성항법시스템이 없다.

④ 위성신호의 오차는 통상 10m 이상이며 이를 보정하기 위한 SBAS 시스템은 정지궤도위성을 이용한다.

077 지자기센서의 보정(Calibration)이 필요한 시기로 옳은 것은?

① 비행체를 처음 수령하여 시험비행을 한 후 다음날 다시 비행할 때

② 10km 이상 이격된 지역에서 비행을 할 경우

③ 비행체가 GPS모드에서 고도를 잘 잡지 못할 경우

④ 전진비행 시 좌측으로 바람과 상관없이 벗어나는 경우

078 현재 무인멀티콥터의 기술적 해결 과제로 볼 수 없는 것은?

① 장시간 비행을 위한 동력 시스템

② 비행체 구성품의 내구성 확보

③ 농업 방제장치 개발

④ 비행제어시스템 신뢰성 개선

079 무인항공방제 간 사고의 주된 요인으로 볼 수 없는 것은?

① 방제 전날 사전 답사를 하지 않았다.

② 숙달된 조종자로서 신호수를 배치하지 않는다.

③ 주 조종자가 교대 없이 혼자서 방제작업을 진행한다.

④ 비행 시작 전에 조종자가 장애물 유무를 육안 확인한다.

080 무인항공 방제작업의 살포비행 조종방법으로 옳지 않은 것은?

① 멀티콥터 중량이 큰 15리터 모델과 20리터 모델로 살포할 때 3m 이상의 고도로 비행한다.

② 작물의 상태와 종류에 따라 비행고도를 다르게 적용한다.

③ 비행고도는 기종과 비행체 중량에 따라서 다르게 적용한다.

④ 살포 폭은 비행고도와 상관이 없이 일정하다.

081 무인멀티콥터 비행의 위험관리 사항으로 부적절한 것은?

① 비행장치(지상장비의 상태, 충전기 등)

② 환경(기상상태, 주위 장애물 등)

③ 조종자(건강상태, 음주 피로, 불안 등)

④ 비행(비행목적, 계획, 긴급도 위험도)

082 수평 직진비행을 하다가 상승비행으로 전환 시 받음각(영각)이 증가하면 양력은 어떻게 변화하는가?

① 순간적으로 감소한다.　　　　② 순간적으로 증가한다.

③ 변화가 없다.　　　　　　　　④ 지속적으로 감소한다.

083 실속에 대한 설명 중 틀린 것은?

① 실속은 무게, 하중계수, 비행속도, 밀도고도와 관계없이 항상 같은 받음각 속에서 발생한다.

② 실속의 직접적인 원인은 과도한 취부각 때문이다.

③ 임계 받음각을 초과할 수 있는 경우는 고속비행, 저속비행, 깊은 선회비행이다.

④ 날개의 윗면을 흐르는 공기 흐름이 조기에 분리되어 형성된 와류가 확산되어 더 이상 양력을 발생하지 못할 때 발생한다.

084 멀티콥터나 무인회전익비행장치의 착륙 조작 시 지면에 근접 시 힘이 증가되고 착륙 조작이 어려워지는 것은 어떤 현상 때문인가?

① 지면효과를 받기 때문　　　　② 전이성향 때문

③ 양력불균형 때문　　　　　　　④ 횡단류효과 때문

085 멀티콥터의 이동비행 시 속도가 증가될 때 통상 나타나는 현상은?

① 고도가 올라간다.　　　　　　② 고도가 내려간다.

③ 기수가 좌로 돌아간다.　　　　④ 기수가 우로 돌아간다.

086 멀티콥터 암의 한쪽 끝에 모터와 로터를 장착하여 운용할 때 반대쪽에 작용하는 힘의 법칙은 무엇인가?

① 관성의 법칙　　　　　　　　　② 가속도의 법칙

③ 작용과 반작용의 법칙　　　　④ 연속의 법칙

answer　081 ①　082 ②　083 ②　084 ①　085 ②　086 ③

087 이류안개가 가장 많이 발생하는 지역은 어디인가?

① 산 경사지   ② 해안지역
③ 수평 내륙지역   ④ 산간 내륙지역

088 항공정기기상 보고에서 바람 방향, 즉 풍향의 기준은 무엇인가?

① 자북   ② 진북
③ 도북   ④ 자북과 도북

089 해륙풍과 산곡풍에 대한 설명 중 잘못 연결 된 것은?

① 낮에 바다에서 육지로 공기가 이동하는 것을 해풍이라 한다.
② 밤에 육지에서 바다로 공기가 이동하는 것을 육풍이라 한다.
③ 낮에 골짜기에서 산 정상으로 공기가 이동하는 것을 곡풍이라 한다.
④ 밤에 산 정상에서 산 아래로 공기가 이동하는 것을 곡풍이라 한다.

090 무인멀티콥터 조종기에 사용에 대한 설명으로 바른 것은?

① 모드 1 조종기는 고도 조종 스틱이 좌측에 있다.
② 모드 2 조종기는 우측 스틱으로 전후좌우를 모두 조종할 수 있다.
③ 비행모드는 자세제어모드와 수동모드로 구성된다.
④ 조종기 배터리 전압은 보통 6VDC 이하로 사용한다.

091 산업용 무인멀티곱터의 일반적인 비행 전 점검 순서로 맞게 된 것은?

① 로터 - 모터 - 변속기 - 붐/암 - 본체 - 착륙장치 - 임무장비
② 변속기 - 붐/암 - 로터 - 모터 - 본체 - 착륙장치 - 임무장비
③ 임무장비 - 로터 - 모터 - 변속기 - 붐/암 - 착륙장치 - 본체
④ 임무장비 - 로터 - 변속기 - 모터 - 붐/암 - 본체 - 착륙장치

092 위성항법시스템(GNSS)의 설명으로 틀린 것은?

① 위성항법시스템에는 GPS, GLONASS, Galileo, Beidou 등이 있다.
② 우리나라에서는 GLONASS는 사용하지 않는다.
③ 위성신호별로 빛의 속도와 시간을 이용해 거리를 산출한다.
④ 삼각진법을 이용하여 위치를 계산한다.

answer   087 ②   088 ②   089 ④   090 ②   091 ①   092 ②

093 농업용 무인멀티콥터로 방제작업을 할 때 조종자의 준비사항으로 볼 수 없는 것은?

① 헬멧의 착용
② 보안경 및 마스크 착용
③ 시원한 짧은 소매 복장
④ 양방향 무전기

094 무인항공 방제작업의 살포비행 조종방법으로 옳은 것은?

① 비행고도는 항상 3m 이내로 한정하여 비행한다.
② 비행고도와 작물의 상태와는 상관이 없다.
③ 비행고도는 기종과 비행체 중량에 따라서 다르게 적용한다.
④ 살포 폭은 비행고도와 상관이 없이 일정하다.

095 무인멀티콥터를 이용한 항공촬영 작업의 진행 절차로서 부적절한 것은?

① 작업을 위해서 비행체를 신고하고 보험을 가입하였다.
② 초경량비행장치 사용사업등록을 실시했다.
③ 국방부 촬영허가는 연중 한번만 받고 작업을 진행했다.
④ 작업 1주 전에 지방항공청에 비행 승인 신청을 하였다.

096 상대풍의 설명 중 틀린 것은?

① Airfoil에 상대적인 공기의 흐름이다.
② Airfoil의 움직임에 의해 상대풍의 방향은 변하게 된다.
③ Airfoil의 방향에 따라 상대풍의 방향도 달라지게 된다.
④ Airfoil이 위로 이동하면 상대풍은 위로 향하게 된다.

097 푄 현상의 발생조건이 아닌 것은?

① 지형적 상승현상
② 습한 공기
③ 건조하고 습윤단열기온감률
④ 강한 기압경도력

098 초경량비행장치 사고로 분류할 수 없는 것은?

① 초경량비행장치에 의한 사람의 사망, 중상 또는 행방불명
② 초경량비행장치의 덮개나 부분품의 고장
③ 초경량비행장치의 추락, 충돌 또는 화재 발생
④ 초경량 비행장치의 위치를 확인할 수 없거나 비행장치에 접근이 불가할 경우

answer 093 ③ 094 ③ 095 ③ 096 ④ 097 ④ 098 ②

099 초경량비행장치를 이용하여 비행정보구역 내에 비행 시 비행계획을 제출하여야 하는데 포함 사항이 아닌 것은?

① 항공기의 식별부호
② 항공기 탑재 장비
③ 출발비행장 및 출발예정시간
④ 보안 준수사항

100 다음 중 무인비행장치의 비상램프 점등 시 조치로서 옳지 않은 것은?

① GPS 에러 경고 – 비행자세 모드로 전환하여 즉시 비상착륙을 실시한다.

② 통신 두절 경고 – 사전 설정된 RH 내용을 확인하고 그에 따라 대비한다.

③ 배터리 저전압 경고 – 비행을 중지하고 착륙하여 배터리를 교체한다.

④ IMU 센서 경고 – 자세모드로 전환하여 비상착륙을 실시한다.

무인멀티콥터(드론) 구술 평가

1 기체 관련 사항

01 멀티콥터(Multi-copter)의 종류에 대해 설명해 보세요.

|모범답안| 프로펠러(Rotor)의 숫자에 따라 트리콥터(3개), 쿼드콥터(4개), 헥사콥터(6개), 옥토콥터(8개) 등으로 구분된다.

02 기체제원(자체중량, 탑재중량, 연료량, 오일혼합비/자체중량, 탑재중량, 배터리중량, 배터리전압 및 용량)에 대해 설명해 보세요.

|모범답안| **M6E 기체 제원**
- 기체중량(배터리미포함) : 9kg
- 기체중량 : 13kg
- 최대 탑재중량 : 11kg
- 최대 이륙중량 : 24kg
- 크기 : 1440 × 1440 × 465mm
- 배터리중량 : 4kg
- 배터리 : TTA Intelligent Battery(12S)
- 살포장치 : 기본액제/입제장치 교체
- 비행시간 : ≥26분, ≥10분(10kg 탑재)
- 최대 속도 : 54km/h
- 최대 작업 속도 : 36km/h

03 프로펠러의 규격은?

피치 각도

5030R

프로펠러 크기

R : CW
L(or 적혀있지 않으면) : CCW

04 비행시간을 계산해 보세요(1회 비행시간, 최대 비행시간).

|모범답안| • 비행시간 계산 : 비행시간 = (배터리 용량 × 배터리 방전/평균 전류 감소) × 60

(1) Battery Capacity(배터리 용량) : 배터리의 시간당 흘릴 수 있는 전류량

(2) Battery Discharge(배터리 방전) : 얼마까지 방전할 수 있는지는 비행시간에 중요한 인자 임. 20% 이하까지는 사용하지 않기 때문에 80%를 사용한다고 가정하면 0.8임.

(3) Average Amp Draw(평균 전류 감소) : 드론이 비행을 할 때 필요한 전류의 양. 이 값은 드론 전체 중량과 그 중량을 띄울 수 있는 모터의 소비 전류 값을 사용

05 모터에 표시된 수치 X6212의 의미는?

|모범답안| • 처음 두 자리 62는 모터 몸체 직경 즉, 지름이 직경 62mm(6.2cm)라는 뜻이며 마지막 두 자리 12는 높이가 1.2cm이라는 의미이다.

• KV : 180 표시는 1V 전압을 모터에 공급 했을 시 RPM(분당회전수)이 180이라는 뜻이다.

06 배터리 취급시 주의 사항은?

|모범답안| • 리튬 배터리는 완전 방전 시키면 수명이 줄고 성능도 떨어지므로 용량이 30%정도 남았을 때 충전하는 것이 바람직하다.

• 충전기는 배터리 전압, 용량 관리 기능을 지원하므로 가급적 배터리 제조사가 공급하는 순정품을 사용하는 것이 바람직하다.

• 배터리가 손상되면 화재의 위험이 대단히 크므로 절대 충전해서는 안된다.

• 드론 배터리에 사용되는 리튬은 폭발 위험물질이기 때문에 고온 다습한 곳을 반드시 피해 보관해야 한다.

• 배터리 과충전은 내부에서 방전이 일어나 배터리 수명이 줄어드는 것은 물론 화재의 원인이 되므로 리튬이온 배터리를 충전하는 동안 자리를 뜨면 안된다.

• 300회 이상 충전 및 방전을 거치거나 전압관리에 소홀하면 배터리가 부풀어 오를 수 있으므로 배터리를 교체해 주는 것이 바람직하다.

07 배터리 하나의 셀(Cell) 적정 전압은?

|모범답안| 3.7V~3.85V 사이이다.

08 리튬폴리머 배터리의 폐기 방법은?

|모범답안| • 가능하면 잔량을 최소화 할 것 : 기기에 물려 끝까지 다 쓰면 좋음
 • 소금물에 담가 완전 방전 시킬 것
 • 0v를 확인하고 폐기 처리함

09 변속기(ESC, Electronic Speed Controll)의 역할은?

|모범답안| FC로부터 신호를 받아 배터리 전원(전류와 전압)을 사용하여 모터가 신호대비 적절하게 회전을 유지하도록 해주는 장치이다.

10 공공기관이나 민간에서 띄우는 멀티콥터(드론) 주파수는?

|모범답안| 2.4 GHz나 5.8 GHz 사용

11 비행자세 모드 중 Attitude 모드란?

|모범답안| 드론의 자세유지(기체가 뒤집히지는 않는 상태)시켜주는 모드로, 사용자가 조정을 하지 않아도 수평자세 유지와 기압계를 통한 고도 유지는 작동하나, 위치고정(GPS 모드)과 달리 외부영향(주로 바람 등)에 의해 위치 변화가 발생하는 방식이다. 일반적으로 GPS모드보다 속도가 빠르고, 부드러운 움직임을 보이며, GPS오류에 의한 조종 불안정 상태를 피할 수 있는 조종 방식이다.

12 멀티콥터 방향전환의 원리는?

|모범답안| 방향은 크게 Yaw, Roll. Pitch 3가지로 나눌 수 있으며, 모터의 회전수를 조정함으로써 방향을 전환한다. Roll은 비행체의 전·후 방향을 기준으로 회전하는 것, Pitch는 비행체의 좌·우 방향을 기준으로 회전하는 것, Yaw는 비행체의 수직 방향을 기준으로 회전하는 것이다.

13   멀티콥터 전진(일리베이터)의 원리는?

|모범답안| 회전속도가 빠른 후방이 올라가고 속도가 낮은 전방이 내려감으로서 기체가 앞으로 기울어지면서 앞으로 나아가는 원리이다. 전후 회전수를 반대로 하면 후방으로 나아 간다.

14   IMU 센서란?

|모범답안| 이동물체의 속도와 방향, 중력, 가속도를 측정하는 장치로, 가속도계, 각속도계, 지자 기계 및 고도계를 이용하여 이동물체의 움직임 상황을 감지하는 역할을 수행한다. 일 반적으로 3축 가속도계와 3축 각속도계가 내장되어 있어 진행방향, 횡방향, 높이방향 의 가속도와 롤링(roll), 피칭(pitch), 요(yaw) 각속도의 측정이 가능하다.

15   초경량비행장치의 이륙 중량과 인증기관은?

|모범답안| 25kg으로 항공안전기술원에서 한다.

🔟 조종사에 관련한 사항

16   국토교통부령으로 정하는 조종자 준수사항은?

|모범답안| (1) 인명이나 재산에 위험을 초래할 우려가 있는 낙하물을 투하(投下)하는 행위
(2) 인구가 밀집된 지역이나 그 밖에 사람이 많이 모인 장소의 상공에서 인명 또는 재 산에 위험을 초래할 우려가 있는 방법으로 비행하는 행위
(3) 관제공역·통제공역·주의공역에서 비행하는 행위
(4) 안개 등으로 인하여 지상목표물을 육안으로 식별할 수 없는 상태에서 비행하는 행위
(5) 비행시정 및 구름으로부터의 거리기준을 위반하여 비행하는 행위
(6) 일몰 후부터 일출 전까지의 야간에 비행하는 행위
(7) 주류, 마약류 또는 「환각물질 등의 영향으로 조종업무를 정상적으로 수행할 수 없 는 상태에서 조종하는 행위 또는 비행 중 주류 등을 섭취하거나 사용하는 행위

17 초경량비행장치 자격증명 응시자격(조종자)은?

|모범답안| • 연령제한 : 만 14세 이상
  • 또는 신체검사 증명 소지자로서 해당 비행장치의 총 비행경력 20시간 이상인자
  • 자격 취득 절차 : 학과시험 → 비행교육이수 → 비행경력증명발급 → 실기시험

18 초경량비행장치 자격증명 응시자격(지도조종자)은?

|모범답안| • 연령제한 : 만 20세 이상
  • 지도 조종자 자격기준(무인비행장치 총 비행경력 100시간), 실기평가 지도 조종자 자격기준(무인비행장치 총 비행경력 150시간)
  • 자격 취득 절차 : 100시간 비행 경력 준비 → 비행경력증명 → 교관과정 이수(공단 항공안전처) → 지도조종자 등록(공단 항공시험처)

19 소형무인기 일반 제한고도는?

|모범답안| 150m

③ 공역 및 비행장에 관련한사항

20 기상의 7대 요소는?

|모범답안| 기온 · 기압 · 바람 · 습도 · 구름 · 강수 · 시정

21 항공고시보(NOTAM)란?

|모범답안| • 조종사를 포함한 항공 종사자들이 적시 적절히 알아야 할 공항 시설, 항공 업무, 절차 등의 변경 및 설정, 위험요소의 시설 등에 관한 정보 사항의 고시
  • 비행금지구역, 제한구역, 위험구역 설정 등의 공역을 제공
  • 유효기간 : 3개월

22 비행계획의 승인기관은?

|모범답안|

구분	비행금지구역 (P-73, P-65 등)	비행제한구역 (R-75)	민간관제권 (반경 9.3km)	군관제권 (반경 9.3km)	그 밖의 지역 (고도 150m 이하)
촬영허가 (국방부)	○	○	○	○	○
비행허가 (군)	○	○	×	○	×
비행승인 (국토부)	×	×	○	×	×
공통 사항	_1. 위의 사항은 최대 이륙중량 25kg 이하의 기체, 고도 150m 이하로 한정 적용._				
	2. 공역이 2개 이상 겹칠 경우 각 기관 모두에 허가를 득해야 한다.				
	3. 고도 150m 이상 비행이 필요한 경우 공역에 관계없이 국토교통부 승인요청.				

23 초경량 비행장치를 제한공역에서 비행하고자 하는 자는 비행계획 승인 신청서를 누구에게 제출해야 하는가?

|모범답안| 지방항공청장

24 비행금지구역의 종류는?

|모범답안| 비행금지구역은 먼저 서울지역(P-73A/B), 휴전선지역(P-518), 원전지역(P-61 ~65)이 있다.

25 프로펠러 탈락 시 대처·예방 방법은?

|모범답안| 기체 조립 시 모터와 프로펠러의 체결상태를 면밀히 점검하고, 이륙비행 전 지상에서 스로틀을 올려 모터 및 프로펠러의 회전수(RPM)을 상승시켜 이상 유무를 점검한다.

26 비상엔진 정지(CSC, Combination Stick Command) 시 대처·예방 방법은?

|모범답안| 비행 시 가급적 조종장치의 스틱을 동시에 여러 명령을 작동시키지 않으며, 스틱의 조작·범위를 끝까지(아래쪽) 조작하지 않는다.

27 홈포인트 귀환(배터리 부족, 통신두절)시 대처 · 예방 방법은?

|모범답안| 비행 전 기체의 자동복귀 설정 시 "복귀 고도(RTH)"를 지형지물보다 높게 설정하여 자동복귀 중 장애물에 의한 충돌 및 추락 사고를 방지할 수 있다.(지나치게 높은 고도로 설정하는 것은 배터리 부족으로 복귀하지 못하는 경우를 발생 시킬 수 있다) 또한 비행 배터리 잔량을 확인한 후 비행하며, 충전이 100% 완료된 배터리를 사용한다.

28 배터리 저전압 시 대처 · 예방 방법은?

|모범답안| 비행 중 배터리 부족상태를 확인하면 안전한 착륙장소를 탐색 · 확인하여, 즉시 착륙비행을 해야 한다. 또한 현장에서 비행을 할 때는 100% 완충된 배터리를 사용하고, 주기적인 점검 및 관리 · 교환을 통해 배터리를 효율적으로 사용하는 것이 안전한 현장비행을 도모할 수 있다.

29 비상착륙 시 대처 · 예방 방법은?

|모범답안| 비상착륙 장소 선정은 조종자의 시야에서 기체와 착륙지점이 육안으로 확보되는 위치에있어야 하며, 전신주 등 장애물이 없는 지점을 선정한다. 비상착륙 시에는 기체의 후면이 조종자의 정면과 마주하여 돌풍 및 강풍 시에도 조종자가 기체의 제어·조종을 안전하고 효율적으로 할 수 있는 방향으로 선정한다.

30 GPS 전파 이상 시 대처 · 예방 방법은?

|모범답안| 비행계획 수립 시 가급적 GPS 전파 이상이 발생하는 위험요인이 없는 때와 지역에서 (고압선 주위 등 회피) 비행을 하며, 만약 GPS 전파 이상이 발생할 시에는 비행모드를 변경(GPS모드 → 자세모드) 하여 전파 이상이 발생된 지역을 최대한 벗어나도록 한다.

31 비상상황 시 조치법은?

|모범답안| • 비행 중 멀티콥터의 이상 반응, 진동, 소리, 냄새 등 비정상적인 상황 발생 시에는 주위에 큰 소리로 알린다.
• GPS모드에서 자세제어(atti)모드로 빠르게 반복적으로 전환하여 키가 작동하는지 확인한다.
• 즉시 안전한 장소에 멀티콥터(드론)를 착륙시킨다.

⓸ 일반지식 및 행정처분

32 주류등의 영향으로 초경량비행장치를 사용하여 비행을 정상적으로 수행할 수 없는 상태에서 초경량비행장치를 사용하여 비행을 한 사람에 대한 처벌은?

|모범답안| 3년 이하의 징역 또는 3천만원 이하의 벌금

33 비행안전을 위한 기술상의 기준에 적합하다는 안전성인증을 받지 아니한 초경량비행장치를 사용하여 초경량비행장치 조종자 증명을 받지 아니하고 비행을 한 사람에 대한 처벌은?

|모범답안| 1년 이하의 징역 또는 1천만원 이하의 벌금 :

34 초경량비행장치의 비행안전을 위한 기술상의 기준에 적합하다는 안전성인증을 받지 아니하고 비행한 사람에 대한 처벌은?

|모범답안| 500만원 이하의 과태료

35 초경량비행장치 조종자 증명을 받지 아니하고 초경량비행장치를 사용하여 비행을 한 사람에 대한 처벌은?

|모범답안| 300만원 이하의 과태료

36 변경등록 또는 말소등록의 신청을 하지 아니한 자, 국토교통부령으로 정하는 준수사항을 따르지 아니하고 초경량비행장치를 이용하여 비행한 사람, 국토교통부장관의 승인을 받지 아니하고 초경량비행장치를 이용하여 비행한 사람에 대한 처벌은?

|모범답안| 200만원 이하의 과태료

37 신고번호를 해당 초경량비행장치에 표시하지 아니하거나 거짓으로 표시한 초경량비행장치소유자에 대한 처벌은?

|모범답안| 100만원 이하의 과태료

38 초경량비행장치의 말소신고를 하지 아니한 초경량비행장치소유자, 초경량비행장치사고에 관한 보고를 하지 아니하거나 거짓으로 보고한 초경량비행장치 조종자 또는 그 초경량비행장치소유자등에 대한 처벌은?

|모범답안| 30만원 이하의 과태료

39 항공 보험의 종류는?

|모범답안| • 대인/대물 배상 책임보험 : 모든 사업자 필수
　　　　　 • 자차보험(항공보험 등) : 비행교육기관 비행장치 권유, 기타 사용사업자 선택
　　　　　 • 자손보험(개인 배상책임 등) : 교육기관 필수, 기타 사용사업자 선택

40 항공 관련법의 종류 3가지는?

|모범답안| 항공안전법, 항공사업, 공항시설법

1. 기체에 관련한 사항

2. 조종자에 관련한 사항

3. 공역 및 비행장에 관련한 사항

4. 일반지식 및 비상절차

5. 추가 질문지

6. 과태료의 부과기준(개별기준)

  − 항공안전법 시행령 제30조, 별표5 −

7. 초경량비행장치 조종자등에 대한 행정처분

  − 항공안전법 제125조 시행규칙 제306조, 별표44의 2 −

1. 기체에 관련한 사항

관련한 사항	표 준 답 안
기체형식(무인멀티콥터 형식)	바이(2개), 트라이(3개), 쿼드(4개), 헥사(6개), 옥토(8개)콥터
기체제원 **모델명 : E616S-ED** 형식 : 헥사콥터	자체중량 : 19kg 최대이륙중량 : 26kg 배터리 규격 : 리튬 폴리머(Li-Po) 6S 16000mah 22C × 2ea ○ 기체규격 : 펼쳤을 때 : 1,723mm×1,723mm×560mm 접었을 때 : 1,000mm×1,000mm×560mm ○ 모터직경 : 8121사이즈 (HobbyWing X8 100kv)
1회 비행시간	자체 중량시 22분 / 최대 이륙 중량시 8분
모터 규격	8120사이즈 (HobbyWing X8 100kv)
모터의 kv의 의미	Volt당 1분에 회전하는 최대 회전수 ▶ Kv=1000볼트의 약자- ★100KV는 1Volt당 100회▶ 안중전압 4.2V×6S = 25.2 Volt(안중시)▶50.4V×1Volt당 100회 = 5,040회
모터의 타입	BLDC(수명이 김대)모터
프로펠러의 길이와 피치	표시 : 3090 (길이 : 30인치 / 피치 각 : 9°)
모터피치의 각의 의미	피치 각이 9°이고 모터가 1회전 했을 때 이동하는 가상거리
FC 제조사 및 모델	(주)인트스카이 / FC : K3-A pro
배터리 관련사항 — 종류	리튬 폴리머(Li-Po) ┌ 22C(Capacity) 16(A)×22(C)=352 시간당 352A씩 충전해도 문제가 없다 6S 16000mah 22C × 2ea ▲ 16000ma의미 전류가 1시간동안 흐르는 전류량 ▶22C 밧데리 방전율
용량	최소전압2.8V / 정격전압(50%)3.8V / 보관전압3.8V / 안중전압6S × 4.2V =25.2Volt
배터리 셀 당 전압	배터리의 정격 용량을 1시간 동안에 사용 완료하는 방전율
16000mah의 의미	순간 최대 방전 율 22배 / 6개의 배터리가 직렬로 연결됨,
22C 6S의 의미	정격용량에 표시된 배수에 따라 10초간 유지할 수 있는 최대 방전 용량
순간 최대 방전율	소금물에 1~3일간 완전 방전 후 밧데리 폐기함에 폐기함
폐기 방법	
배터리 취급시 주의사항	가) 과충전 과방전을 하지 않는다. 나) 장기간 보관시 50%방전 상태에서 보관. 다) 낙하 충격 날가로운것에 대한 손상의 경우 함선으로 화재가 발생할 수 있다. 라) 배터리보관 적정온도 22℃~28℃이다. 마) 셀당 전압을 일정하게 유지해야 한다. 바) -10℃이하에서 사용시 사용불가상태가 필수 있고 50℃이상에서는 배터리가 폭발할 수 있다. 사) 배터리가 부풀거나 사용이 불가하여 폐기함 때는 소금물에 하루동안 담가 방전시킨 뒤 폐기해야 한다(유독가스 발생으로 주의필요).

표준답안

1. 기체에 관련한 사항

구분	항목	표준답안
센서의 종류	가속도센서	가속도(단위시간당 속도의 변화)를 측정한다. 중력에 대한 상대적인 위치와 움직임을 측정하며 수평유지를 위한 센서이다.
	자이로센서	각속도(단위시간당 회전 각도의 변화)를 측정하는 센서이며, 자세유지를 위한 센서이다.
	기압센서	대기압을 측정하여 고도를 계산하는 센서이며, 고도를 일정하게 유지하는 센서이다.
	지자기센서	지자기의 방향을 감지하여 진행방향(방위)을 산출하는 센서이다.
	GPS센서	지구 주변에 돌고 있는 인공위성과의 거리를 측정하여 좌표(위치)와 속도를 계산하는 센서이다. ※ GPS 수신장애의 원인 : 자연적인 원인(태양플레어 지자기폭풍, 날씨) 인공적인 원인(전파교란, 건물, 실내)등이 있다.
IMU란		관성측정장치(inertial Measurement Unit)로 기체의 기울어짐과 움직임을 감지하여 균형을 잡아주는 장치
ESC 변속기의 역할		Electronic speed controller 모터의 회전속도를 조절해주는 장치
비행모드 중 ATTI모드 란		기체에 각종 센서를 활용하여 수평을 제어하는 비행 방식
비행모드 중 GPS모드 란		위성으로 활용하여 정도와 위도의 데이터를 받아 기체의 위치를 제어하는 비행방식
GPS 모드 LED색상		시동전후 녹색 LED 2회 깜빡임
ATTI 모드 LED색상		시동전후 녹색 LED 1회 깜빡임
조종기의 사용 주파수		2.4Ghz
주파수 호핑 방식		주파수 간섭을 피하는 방식
비행원리		○ 비행원리(작용하는 힘) : 양력(올라가는 힘), 중력(지구에서 당김) 추력(전진) 항력(저항하는) 힘 ○ 전후진, 좌우횡진, 기수전환의 원리 : 전진시 후방모터의 회전수가 높다. 추진시 전방모터회전수가 높다 좌로이동시 우측 모터회전수가 높다 좌로 이동시 좌측모터의 회전수가 높다 ○ 기수전환 : 좌로 회전시 R 방향으로 도는 모터 CW회전수가 높다. 우로회전시 L 방향으로 도는 모터 CCW 높다 ○ 항공기의 3대 축 운동 : 롤링, 피칭, 요잉
안정성인증검사 [항공안전기술원] 인천 서구 로봇랜드로 155-30		○ 안정성인증검사(25kg초과) : 시험보는 본 기체는 최대이륙중량 26kg이므로 반드시 아래와 같이 실시 - 초도인증 : 최초실시 - 정기인증 : 유효기간만료일(1년) - 수시인증 : 대개조후 - 재인증 : 초도, 정기 또는 수시에 부적합 판정시 정비 후 실시하는 인증

2. 조종자에 관련한 사항

구분	표준 답안
조종자 준수사항 (항공안전법 시행규칙 제310조)	▲ 비행금지 시간대 : 야간비행(일몰후 일출 전까지) 단 특별승인 시 가능 ▲ 비행금지 장소 1) 비행장으로부터 9.3km 이내인 곳(관제권) 2) 비행금지구역 (휴전선 인근, 서울도심 상공 일부) 3) 150m 이상의 고도 4) 인구 밀집지역 또는 사람이 많이 모인 곳의 상공(예 : 스포츠 경기장, 각종 페스티벌 등 인파가 많이 모인 곳) * 비행금지 장소에서 비행하려는 경우 지방항공청 또는 지방항공청장의 허가 필요(타 항공기 비행계획 등과 비교하여 가능할 경우에는 허가) ▲ 비행금지행위 1) 비행 중 낙하물 투하금지, 조종자 음주 상태에서 비행 금지 2) 조종자가 육안으로 장치를 직접 볼 수 없을 때 비행 금지, 단 특별승인 시 가능 (예 : 안개 황사 등으로 시야가 좋지 않은 경우, 눈으로 직접 볼 수 없는 곳까지 멀리 날리는 경우)
무인멀티콥터 자격검정 기준	만 14세이상, 항공법규, 항공역학, 항공기상, 비행이론 및 운용의 과목 70점 이상 또는 전문교육기관 이수
실기시험 자격검정 요건	학과합격 및 전문교육기관 이수자, 해당 비행장치 비행경력 20시간 이상, 운전면허소지자 및 2종보통에 준하는 신체검사서
비행경력증명서 발행 가능자는?	교통안전공단에 등록된 지도조종자, 국토교통부 지정 전문교육기관장
조종자 증명 취소 기준	거짓이나 부정한 방법 자격 취득, 효력정지 기간 중 비행장치 사용한 경우
조종자 증명 정지 기준	법을 위반하여 벌금 이상의 형을 선고 받은 경우(1년이내 정지), 고의 또는 중대한 과실로 인명피해나 재산피해를 발생(1년이내 정지), 조정량비행장치 조종자 준수사항 위반의 경우(1년이내 정지), 주류등을 섭취하여 비행한 경우(1년이내 정지)
지도 조종자의 조건	지도 조종자의 조건 : 만18세이상, 비행시간 200시간이상, 비행시간 100시간(무인비행장치)이고 조종교육과정을 이수 기량평가 조종자의 조건 : 비행시간 300시간(무인비행장치) 150시간(무인비행장치) 실기평가과정을 이수
자율비행, FPV는 가능한가?	FPV(First Person View)캠의 영상을 고글로 받아 비행하는 것으로 답변은 가능하지 않다

3. 공역 및 비행장애에 관련한 사항

	표 준 답 안
비행금지구역 "P"	안전, 국방상, 그밖의 이유로 항공기의 비행을 금지하는 공역(항공법 제2조19호) P73(청와대 중심) : A지역 3.7Km내 적구 / B지역 8.4Km내 경고사격 P518(휴전선 인근) : 경기도, 강원도 북부 P61(고리) : 부산시 기장면 P62(월성) : 경주시 양남면 P63(한빛) : 전남 영광군 홍농읍 P64(한울) : 경북 울진군 북면 P65(대전) : 대전 유성구 원자력연구소 ※ 원전지역 : 18.6km(10해리)비행금지
비행제한구역 "R"	항공사격 대공사격 등으로 인한 위험으로부터 항공기의 안전을 보호하거나 그 밖의 이유로 비행 허가를 받지 않은 항공기의 비행을 제한하는 공역(항공법 제2조,제20조)
초경량비행장치 비행제한구역 "URA"	초경량비행장치의 비행안전을 확보하기 위하여 초경량비행장치의 비행활동에 대한 제한이 필요한 공역 ※ 초경량비행장치 비행제한구역(UA 2~UA 40) 31개 : 시화, 양평 등 지표 500feet (지표150m이하)
관제공역	가) 관제권 : 비행장 또는 공항을 포함한 그 주위의 공역 중 공항 중심으로 반경 5NM(9.3km)내 있는 공역 나) 관제구 : 지표면 또는 수면으로부터 200m이상 높이의 공역 ※ 항공교통의 안전을 위해 국토교통부장관이 지정 공고한 공역 ※ 공역이란 육상 또는 해면을 포함하는 지구 표면상의 구역과 고도로 정해진 공중 영역
허용고도	지표500feet (지표150m이하)
기상조건 (강수, 번개, 안개, 강풍, 주간)	가) 비행하면 안되는 기상 조건 : 눈, 비, 안개, 우박, 천둥, 강풍(5m/s초과), 일몰전일몰후 나) 기상의 7대 요소 : 기온, 기압, 습도, 구름, 강수, 시정, 바람
비행승인은?	각 지방항공청(서울, 부산, 제주) 비행제한구역은 해당 군부대 [드론원스톱민원서비스 https://drone.onestop.go.kr]

4. 일반지식 및 비상절차

	표 준 답 안
비행계획	항공기의 예정된 비행에 관한 지정된 정보, 출발, 시간, 장소, 항로, 통신 수단 따위를 포함한다 가) 비행할 지역이 비행금지 구역은 아닌지 확인했는가? 비행승인(지방항공청, 군기관) 나) 일기예보 기상상태 확인하였는가?(눈, 비 초속 5m/s 비행금지) 다) 자격증과 운전하항증은 소지하고 있습니까? 라) 조종자와 부조종자의 몸 상태는 괜찮습니까? 마) 안전모와 조종기 무겁이는 준비하였는가? 바) 보호안경(선글라스), 마스크 등 안전한 복장을 준비하였는가? 사) 메인배터리와 조종기 배터리는 충전된 상태를 확인하였는가? 아) 비행할 장소의 이착륙 장소로 적당한가? 자) 주위의 장애물 확인 및 안전거리(15m)는 확보는 되는가? 차) 비행할 기체의 정비가 잘 되었는가?
비상절차	* 비상착륙 장소 선정은 조종자의 시야에서 기체와 착륙지점이 육안으로 확보되는 위치에 있어야 한다 * 전신주 등 장애물이 없는 지점을 선정한다 * 비상착륙 시에는 기체의 주변이 조종자의 정면과 마주하여 돌풍 및 강풍 시에도 조종자가 기체의 제어 조종을 안전하고 효율적으로 할 수 있는 방향으로 선정한다. 이륙중 비정상 상황시 대응방법 1) 비행중 이상반응, 진동, 소리, 냄새 등 비정상적인 상황 발생 시에는 주위에 큰 소리로 "비상" 이라 알린다. 2) GPS모드에서 자세제어(atti)모드로 빠르게 반복적으로 전환하여 키가 작동하는지 확인한다. 3) 즉시 안전한 장소에 멀티콥터(드론)를 착륙시킨다.
이륙 중 엔진 고장 및 이륙 포기	
충돌예방(우선권)	조종량비행장치는 모든 항공기, 정착항공기 및 동력을 이용하지 아니하는 조종량비행장치에 대하여 진로를 양보하여야 한다.
항공고시보 (NOTAM) notice to airman	* 조종자를 포함한 항공 종사자들이 적시 적절히 알아야 할 공항 시설, 항공업무, 절차 등의 변경 및 설정, 위험 요소의 시설 등에 관한 정보 사항의 고지 * 비행금지구역, 제한구역, 위험구역 등의 설정 등의 공역을 제공한다 * 고시보의 유효기간 : 3개월

5. 추가 질문지에 의한		표 준 답 안
1	인접한 로터가 반대로 회전하는 이유	인접한 로터의 토크를 상쇄하기 위함(모두가 같은 방향으로 돌면 기체가 회전함)
2	초경량 무인회전장치의 개정된 명칭	무인비행장치 > 무인동력비행장치 > 무인멀티콥터
3	초경량 비행장치란	항공기와 경량항공기외에 공기의 반작용으로 뜰 수 있는 장치로서 자체중량, 좌석수 등 국토교통부령으로 정하는 기준에 해당하는 동력비행장치, 행글라이더, 패러글라이더, 기구류 및 무인비행장치
4	무인비행장치란	사람이 탑승하지 않은 150kg 이하 무인비행기 무인헬리콥터, 무인멀티콥터
5	초경량비행장치 신고	초경량비행장치를 소유하거나 사용할 수 있는 권리가 있는 자는 초경량비행장치의 종류, 용도, 소유자의 성명 등을 국토교통부장관에 신고한다
6	신고가 필요하지 않은 초경량비행장치의 범위	연료의 무게를 제외한(베터리는 포함) 2kg이하 인 것
7	초경량비행장치 사고란	비행을 목적으로 이륙하는 순간부터 착륙하는 순간까지 발생한 사망, 중상, 행방불명에 해당
8	안전성인증을 받기 전까지 신고서류	초경량비행장치 관리증(매매계약서, 거래증명서, 견적서포함 영수증 등), 초경량 비행장치 제원 및 성능표, 초경량비행장치 사진(15*10cm)
9	초경량비행장치 사용사업의 범위	비료 또는 농약살포, 씨앗뿌리기 농림사원 사진촬영, 측량 및 탐사, 조종교육
10	최대이륙중량이란?	기체 가체의 무게를 포함하여 제조사가 명시한 운용상의 최대이륙중량
11	초경량비행장치의 안전성인증기준 중량	25kg 초과
12	본 기체의 안전성인증검사 여부	25kg 초과 최대이륙중량 26kg이므로 검사 대상임
13	안전성인증검사 받지 않고 비행	500만원 이하 과태료 ★안전성인증검사 : 인천 청라 항공안전기술원
14	비행장치사용 사업자가 의무가입보험은?	대인, 대물배상 책임보험(제3자 보험)가입 후 국토교통부장관에게 가입증명서 제출
15	로그북이란?	비행기록부
16	비행(방제시) 후 대해야하는 것	자격증명서, 비행승인서, 비행기록부
17	비행 중 유인헬기가 근저 붙나서적 대응방법	즉시 안전한 장소에 착륙 후 주돌등의 위험을 대비한다.
18	항공기 부근에 접근하지 말아야 하는 이유	헬기 : 다운워시, 매행항공기 : 난기류
19	비행 중 인명피해 발생사고시 대처방법	119로 연락해 인명구조가 좌우신, 추가 인명피해 및 재산피해 대처 ★항공철도사고조사위원회
20	음주, 약물 등을 하고 비행한자	3년이하 징역, 3천만원 이하 벌금

6. 과태료의 부과기준(개별기준) – 항공안전법 시행령 제30조, 별표5 –

단위 : 만원

위반행위	근거 법조문	과태료 금액		
		1차	2차	3차
1. 초경량비행장치소유자등이 법 제122조제5항을 위반하여 신고번호를 해당 초경량비행장치에 표시하지 않거나 거짓으로 표시한 경우	법 제166조제5항제4호	50	75	100
2. 초경량비행장치소유자등이 법 제123조제4항을 위반하여 초경량비행장치의 말소신고를 하지 않은 경우	법 제166조제7항제1호	15	22.5	30
3. 초경량비행장치의 비행안전을 위한 기술상의 기준에 적합하다는 안전성인증을 받지 않고 비행한 경우	법 제166조제1항제10호	250	375	500
4. 법 제125조제1항을 위반하여 초경량비행장치 조종자 증명을 받지 않고 초경량비행장치를 사용하여 비행을 한 경우(법 제161조제2항이 적용되는 경우는 제외한다)	법 제166조제2항	200	300	400
5. 법 제127조제3항을 위반하여 국토교통부령의 승인을 받지 않고 초경량비행장치를 이용하여 비행한 경우	법 제166조제3항제5호	150	225	300
6. 법 제128조를 위반하여 국토교통부령으로 정하는 장비를 장착하거나 휴대하지 않고 초경량비행장치를 사용하여 비행을 한 경우	법 제166조제5항제5호	50	75	100
7. 법 제129조제1항을 위반하여 국토교통부령으로 정하는 준수사항을 따르지 않고 초경량비행장치를 이용하여 비행한 경우	법 제166조제3항제6호	150	225	300
8. 초경량비행장치 조종자 또는 그 초경량비행장치 소유자등이 법 제129조제3항을 위반하여 초경량비행장치사고에 관한 보고를 하지 않거나 거짓으로 보고한 경우	법 제166조제6항제2호	15	22.5	30
9. 법 제129조제5항을 위반하여 국토교통부장관이 승인한 범위 외에서 비행한 경우	법 제166조제3항제10호	150	225	300
10. 법 제132조제1항에 따른 보고 등을 하지 않거나 거짓 보고 등을 한 경우	법 제166조제1항제11호	250	375	500
11. 법 제132조제2항에 따른 질문에 대하여 거짓 진술을 한 경우	법 제166조제1항제12호	250	375	500
12. 법 제132조제8항에 따른 운항정지, 운용정지 또는 업무정지를 따르지 않은 경우	법 제166조제1항제13호	250	375	500
13. 법 제132조제9항에 따른 시정조치 등의 명령에 따르지 않은 경우	법 제166조제1항제14호	250	375	500

7. 초경량비행장치 조종자등에 대한 행정처분 – 항공안전법 제125조 시행규칙 제306조, 별표44의 2 –

위반행위 또는 사유	해당 법 조문	처분내용
1. 거짓이나 그 밖의 부정한 방법으로 자격증명등을 받은 경우	법 제125조제2항제1호	조종자증명 취소
2. 이 법을 위반하여 벌금 이상의 형을 선고받은 경우	법 제125조제2항제2호	가. 벌금 100만원 미만 : 효력정지 30일 나. 벌금 100만원 이상 200만원 미만 : 효력 정지 50일 다. 벌금 200만원 이상 : 조종증명 취소
3. 초경량비행장치의 조종자로서 업무를 수행할 때 고의 또는 중대한 과실로 초경량비행장치사고를 일으켜 다음 각 목의 인명피해를 발생시킨 경우	법 제125조제2항제3호	
가. 사망자가 발생한 경우		조종자증명 취소
나. 중상자가 발생한 경우		효력 정지 90일
다. 중상자 외의 부상자가 발생한 경우		효력 정지 30일
4. 초경량비행장치의 조종자로서 업무를 수행할 때 고의 또는 중대한 과실로 초경량비행장치사고를 일으켜 다음 각 목의 재산피해를 발생시킨 경우	법 제125조제2항제3호	
가. 초경량비행장치 또는 제3자의 재산피해가 100억원 이상인 경우		효력 정지 180일
나. 초경량비행장치 또는 제3자의 재산피해가 10억원 이상 100억원 미만인 경우		효력 정지 90일
다. 초경량비행장치 또는 제3자의 재산피해가 10억원 미만인 경우		효력 정지 30일
5. 법 제129조제1항에 따른 초경량비행장치 조종자의 준수사항을 위반한 경우	법 제125조제2항제4호	1차 위반: 효력 정지 30일 2차 위반: 효력 정지 60일 3차 이상 위반: 효력 정지 180일

7. 초경량비행장치 조종자등에 대한 행정처분 – 항공안전법 제125조 시행규칙 제306조, 별표44의 2 –

위반행위 또는 사유	해당 법 조문	처분내용
6. 법 제131조에서 준용하는 법 제57조제1항을 위반하여 주류등의 영향으로 초경량비행장치를 사용하여 비행을 정상적으로 수행할 수 없는 상태에서 초경량비행장치를 사용하여 비행한 경우	법 제125조제2항제5호	가. 주류의 경우 – 혈중알콜농도 0.02퍼센트 이상 0.06퍼센트 미만: 효력 정지 60일 – 혈중알콜농도 0.06퍼센트 이상 0.09퍼센트 미만: 효력 정지 120일 – 혈중알콜농도 0.09퍼센트 이상: 효력 정지 180일 나. 마약류 또는 환각물질의 경우 – 1차 위반: 효력 정지 60일 – 2차 위반: 효력 정지 120일 – 3차 이상 위반: 효력 정지 180일
7. 법 제131조에서 준용하는 법 제57조제2항을 위반하여 초경량비행장치를 사용하여 비행하는 동안에 같은 조 제1항에 따른 주류등을 섭취하거나 사용한 경우	법 제125조제2항제6호	가. 주류의 경우 – 혈중알콜농도 0.02퍼센트 이상 0.06퍼센트 미만: 효력 정지 60일 – 혈중알콜농도 0.06퍼센트 이상 0.09퍼센트 미만: 효력 정지 120일 – 혈중알콜농도 0.09퍼센트 이상: 효력 정지 180일 나. 마약류 또는 환각물질의 경우 – 1차 위반: 효력 정지 60일 – 2차 위반: 효력 정지 120일 – 3차 이상 위반: 효력 정지 180일
8. 법 제131조에서 준용하는 법 제57조제3항을 위반하여 같은 조 제1항에 따른 주류등의 섭취 및 사용 여부의 측정 요구에 따르지 않은 경우	법 제125조제2항제7호	1차 위반: 효력 정지 60일 2차 위반: 효력 정지 120일 3차 이상 위반: 효력 정지 180일
9. 조종자 증명의 효력정지기간에 초경량비행장치를 사용하여 비행한 경우	법 제125조제2항제8호	조종자증명 취소

비고

1. 처분의 구분

가. 조종자증명 취소: 조종자증명 조종자증명을 취소하는 것을 말한다.

나. 효력 정지: 일정기간 조종람비행장치를 조종할 수 있는 자격을 정지하는 것을 말한다.

2. 1개의 위반행위나 사유가 2개 이상의 처분기준에 해당되는 경우와 고의 또는 중대한 과실로 인명 및 재산피해가 동시에 발생한 경우에는 그 중 무거운 처분기준을 적용한다.

3. 위반행위의 차수에 따른 행정처분의 기준은 최근 1년간 같은 위반행위로 행정처분을 받은 경우에 적용한다. 이 경우 행정처분 기준의 적용은 같은 위반행위에 대하여 최초로 행정처분을 한 날과 같은 위반행위를 다시 위반한 날을 기준으로 한다.

4. 다음 각 목의 사유를 고려하여 행정처분의 2분의 1의 범위에서 가중하거나 감경할 수 있다.

가. 가중할 수 있는 경우

1) 위반의 내용·정도가 중대하여 공중에 미치는 영향이 크다고 인정되는 경우

2) 위반행위가 고의나 중대한 과실에 의한 것으로 인정되는 경우

3) 과거 효력정지 처분이 있는 경우

나. 감경할 수 있는 경우

1) 위반행위가 고의성이 없는 사소한 부주의나 오류로 인한 것으로 인정되는 경우

2) 위반행위가 처음 발생한 경우

3) 위반행위자가 법 위반상태를 시정하거나 해소하기 위하여 노력한 사실이 인정되는 경우

1·2종 실기시험 조작 및 구호

조종자		진행절차
비행장	비행준비-위치로	안전펜스에서 조종기와 배터리를 들고 이, 착륙장 입장
	배터리 장착	기체에 배터리 장착 / 배터리 체크
	조종기 ON	조종기의 전원스위치 ON 하고 조종기 상태와 전압 확인
	비행 전 기체점검	프로펠러,모터,모터베이스,암 이상무×6, GPS안테나 결속상태양호, 수신기안테나 결속상태양호, 메인프레임-랜딩스키드 이상무
	배터리 연결	배터리 단자에 연결
	CHECK LIST 작성	FLIGHT CHECK LIST 순서대로 CHECK
	조종자 위치로	GPS수신상태확인 후 조종기들고 안전팬스로 입장

안전 펜스	비행장 안전점검	전, 후, 좌, 우 사람, 장애물, 공역 이상무 풍향·풍속 GPS신호양호
	이륙(비행) 준비완료	모든 준비 절차를 마무리하고 이륙 대기 평가위원이 시작하세요~~

감독관, 조종자			조종자
안 전 펜 스	1-2	이륙(3m~5m) 하겠습니다	▶ 시동 / 프롭회전 이상무 ▶ 이륙(3~5m) 정지(5초) ▶ 기체반응점검 (엘리베이터 전,후) (에일러런 좌,우) (러더 좌러더,우러더) 이상무 정지(5초)
	1	호버링 위치로	▶ A라바콘 / 정지(5초)
	1	정지 비행 실시 (좌,우측 호버링 실시)	▶ 좌측면 호버링 정지(5초) ▶ 우측면 호버링 정지(5초) ▶ 기체전방 호버링 정지(5초)
	1-2	전진 및 후진 수평 비행 실시	▶ 전진(40M이동 E라바콘) 정지(3~5초) [2종 E라바콘 12시] ▶ 후진(호버링위치로A라바콘) 정지(5초)
	1-2	삼각비행 실시	▶ B & D라바콘지점 이동 정지(5초) ▶ 우측 상승비행(7.5m) 정지(5초) ▶우측 하강비행 정지(5초) ▶ 호버링위치로 정지(5초)
	1	원주비행 실시	▶ 원주비행위치로(H라바콘) 정지(5초) ▶ 준비(좌-우호버링) 정지(5초) ▶ 진행 → 도착후 정지(5초) / 기체전방(호버링) 정지(5초)

2	마름모비행	▶ 진행 → B라바콘→C라바콘→D라바콘→H라바콘
1	비상조작 실시	▶ 고도 2m상승 정지-비상 (정상속도에 1.5배 F비상착륙장하강) (F착륙장 지상 2M부터 속도를 줄이며 1M내 잠시 정지 후 위치수정 2회이하 수정 후 착륙) ▶ 착륙완료-엔진정지확인
1	정상접근 및 착륙실시	▶ **자세모드전환–전환확인** ▶ 시동-프롭회전이상무-이륙(3~5m) 정지(5초) ▶ 정상접근위치로 정지(5초) ▶착륙 / 착륙완료-엔진정지확인
1-2	측풍접근 및 착륙실시	▶ **GPS모드전환 / 전환확인** ▶ 시동 / 이륙(3~5m) 정지(5초) ▶ D지점(**D라바콘**)으로이동정지(5초) ▶ 우측면호버링 정지(5초) ▶ 측풍접근 착륙장 위치로 정지(5초) ▶ 착륙 착륙완료-엔진정지확인
1-2	비행완료	비행완료(비행종료) 기체점검 위치로

	조종자	진행절차
비행 후 기체 점검 위치로	배터리 분리	배터리 분리 / 외관-배부름 이상무
	조종기 OFF	조종기 전원스위치 OFF
	기체점검	프로펠러,모터,모터베이스,암 이상무x6, GPS안테나 결속상태양호, 수신기안테나 결속상태양호 메인프레임-랜딩스키드 이상무
	CHECK LIST 작성	FLIGHT CHECK LIST 순서대로 CHECK후 조종자 퇴장
조종자 퇴장	안전 펜스로 이동	구 술 시 험 평 가 대 기

적중 TOP 무인멀티콥터 드론(drone)
초경량비행장치, 드론조종자격 취득을 위한 필기 80테마 기출 348제

개정6판 2024년 10월 15일

지은이 | 권영식
펴낸이 | 노소영
펴낸곳 | 도서출판 마지원

등록번호 | 제559-2016-000004
전화 | 031)855-7995
팩스 | 0504)070-7995
주소 | 서울 강서구 마곡중앙로171

http://blog.naver.com/wolsongbook

ISBN | 979-11-92534-42-8 (13550)

정가 18,000원

좋은 출판사가 좋은 책을 만듭니다.
도서출판 마지원은 진실된 마음으로 책을 만드는 출판사입니다.
항상 독자 여러분과 함께 하겠습니다.